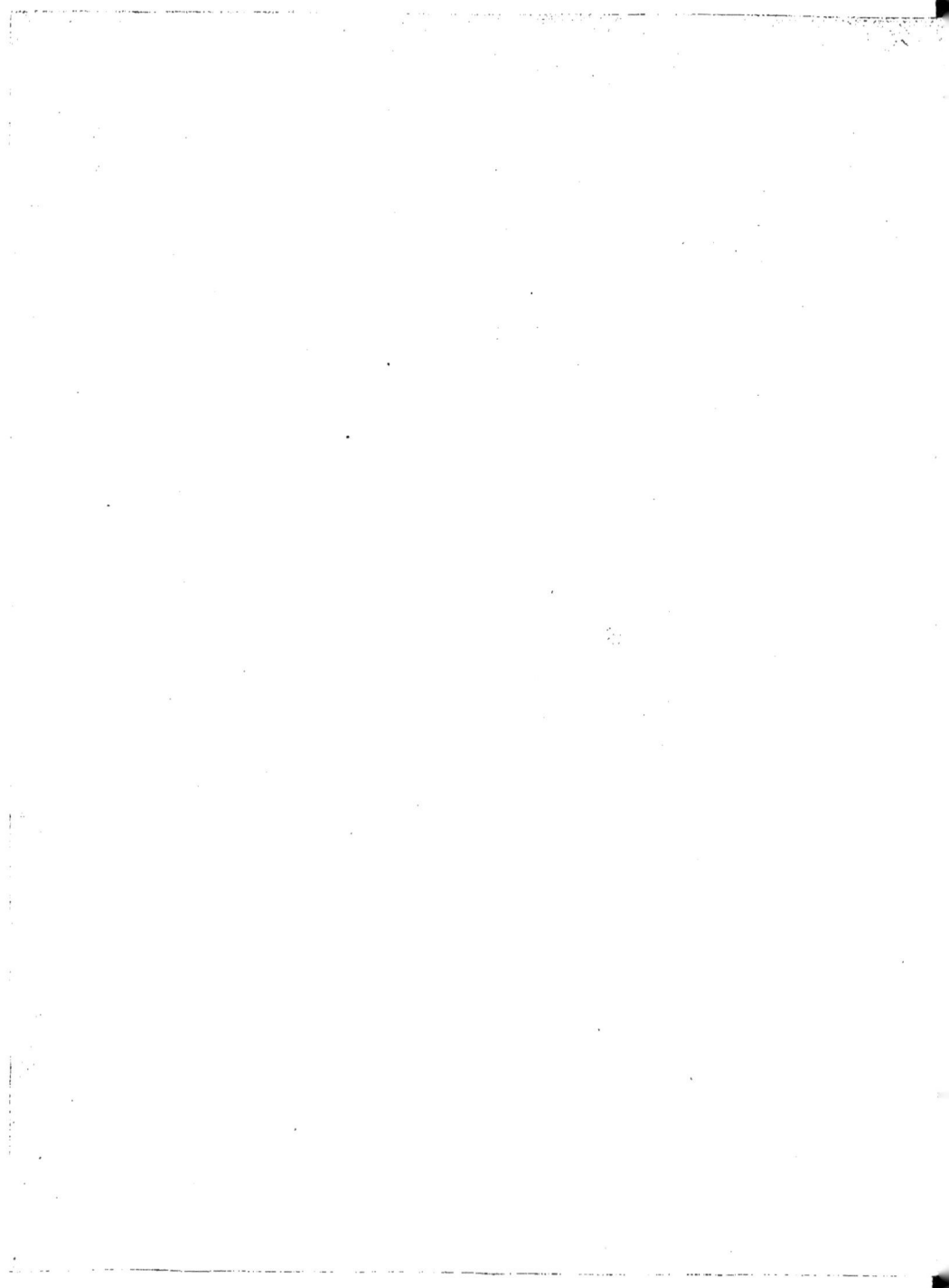

RAPPORT

DES COMMISSAIRES

CHARGÉS PAR LE ROI,

DE L'EXAMEN

DU

MAGNÉTISME ANIMAL.

Imprimé par ordre du Roi.

A PARIS,

DE L'IMPRIMERIE ROYALE.

M. DCCLXXXIV.

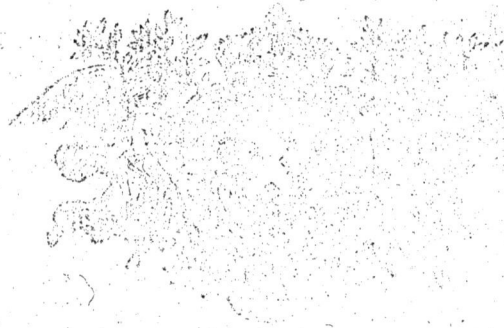

À PARIS,

DE L'IMPRIMERIE ROYALE.

RAPPORT

Des Commissaires chargés par LE ROI, de l'Examen du Magnétisme animal.

LE ROI a nommé le 12 mars 1784, des Médecins choisis dans la Faculté de Paris, M.ʳˢ Borie, Sallin, d'Arcet, Guillotin, pour faire l'Examen & lui rendre compte du Magnétisme animal, pratiqué par M. Deflon; & fur la demande de ces quatre Médecins, Sa Majefté a nommé pour procéder avec eux à cet Examen, cinq des Membres de l'Académie Royale des Sciences, M.ʳˢ Franklin, le Roy, Bailly, de Bory, Lavoifier. M. Borie étant mort dans le commencement du travail des Commiffaires, Sa Majefté a fait choix de M. Majault, Docteur de la Faculté, pour le remplacer.

Nomination des Commiffaires.

L'agent que M. Mefmer prétend avoir découvert, qu'il a fait connoître fous le nom de *Magnétifme animal,* eft comme il le caractérife lui-même & fuivant fes propres paroles, « un fluide univerfellement répandu ; il eft le moyen d'une influence mutuelle entre les corps céleftes, « la terre & les corps animés ; il eft continué de manière à ne « fouffrir aucun vide ; fa fubtilité ne permet aucune compa- « raifon ; il eft capable de recevoir, propager, communiquer «

Expofition de la doctrine du Magnétifme animal.

A

» toutes les impreſſions du mouvement ; il eſt ſuſceptible de
» flux & de reflux. Le corps animal éprouve les effets de cet
» agent ; & c'eſt en s'inſinuant dans la ſubſtance des nerfs, qu'il
» les affecte immédiatement. On reconnoît particulièrement
» dans le corps humain, des propriétés analogues à celles
» de l'aimant ; on y diſtingue des pôles également divers &
» oppoſés. L'action & la vertu du Magnétiſme animal, peuvent
» être communiquées d'un corps à d'autres corps animés &
» inanimés : cette action a lieu à une diſtance éloignée,
» ſans le ſecours d'aucun corps intermédiaire ; elle eſt
» augmentée, réfléchie par les glaces ; communiquée,
» propagée, augmentée par le ſon ; cette vertu peut être
» accumulée, concentrée, tranſportée. Quoique ce fluide ſoit
» univerſel, tous les corps animés n'en ſont pas également
» ſuſceptibles ; il en eſt même quoiqu'en très-petit nombre,
» qui ont une propriété ſi oppoſée, que leur ſeule préſence
» détruit tous les effets de ce fluide dans les autres corps.
» Le Magnétiſme animal peut guérir immédiatement les
» maux de nerfs, & médiatement les autres ; il perfectionne
» l'action des médicamens ; il provoque & dirige les criſes
» ſalutaires, de manière qu'on peut s'en rendre maître ; par ſon
» moyen le Médecin connoît l'état de ſanté de chaque indi-
» vidu, & juge avec certitude l'origine, la nature & les progrès
» des maladies les plus compliquées ; il en empêche l'accroiſſe-
» ment & parvient à leur guériſon, ſans jamais expoſer le
» malade à des effets dangereux ou à des ſuites fâcheuſes,
» quels que ſoient l'âge, le tempérament & le ſexe *(a).*

(a) Mémoire de M. Meſmer ſur la découverte du Magnétiſme
animal, *pages* 74 *& ſuivantes.*

La Nature offre dans le Magnétifme, un moyen univerfel « de guérir & de préferver les hommes *(b)*. »

Tel eft l'Agent que les Commiffaires ont été chargés d'examiner, & dont les propriétés font avouées par M. Deflon, qui admet tous les principes de M. Mefmer. Cette théorie fait la bafe d'un Mémoire qui a été lû chez M. Deflon, le 9 Mai, en préfence de M. le Lieutenant général de Police & des Commiffaires. On établit dans ce Mémoire qu'il n'y a qu'une nature, une maladie, un remède ; & ce remède eft le Magnétifme animal. Ce Médecin en inftruifant les Commiffaires, de la doctrine & des procédés du Magnétifme, leur en a enfeigné la pratique, en leur faifant connoître les pôles, en leur montrant la manière de toucher les malades, & de diriger fur eux ce fluide magnétique.

M. Deflon s'eft engagé avec les Commiffaires, 1.° à conftater l'exiftence du Magnétifme animal ; 2.° à communiquer fes connoiffances fur cette découverte ; 3.° à prouver l'utilité de cette découverte & du Magnétifme animal dans la cure des maladies.

Propofitions de M. Deflon. Engagement qu'il prend avec les Commiffaires.

Après avoir pris cette connoiffance de la théorie & de la pratique du Magnétifme animal, il falloit en connoître les effets ; les Commiffaires fe font tranfportés, & chacun d'eux plufieurs fois au traitement de M. Deflon. Ils ont vu au milieu d'une grande falle, une caiffe circulaire, faite de bois de chêne & élevée d'un pied ou d'un pied & demi, que l'on nomme le *baquet ;* ce qui fait le

Defcription du traitement.

(b) Ibid. Avis au Lecteur, *page VI.*

deſſus de cette caiſſe eſt percé d'un nombre de trous, d'où ſortent des branches de fer coudées & mobiles. Les malades ſont placés à pluſieurs rangs autour de ce baquet, & chacun a ſa branche de fer, laquelle au moyen du coude, peut être appliquée directement ſur la partie malade; une corde paſſée autour de leur corps les unit les uns aux autres; quelquefois on forme une ſeconde chaîne en ſe communiquant par les mains, c'eſt-à-dire, en appliquant le pouce entre le pouce & le doigt index de ſon voiſin : alors on preſſe le pouce que l'on tient ainſi; l'impreſſion reçue à la gauche ſe rend par la droite, & elle circule à la ronde.

Un *piano forte* eſt placé dans un coin de la ſalle, & on y joue différens airs ſur des mouvemens variés; on y joint quelquefois le ſon de la voix & le chant.

Tous ceux qui magnétiſent ont à la main une baguette de fer, longue de dix à douze pouces.

Explication de ces diſpoſitions. M. Deſlon a déclaré aux Commiſſaires, 1.° que cette baguette eſt conducteur du Magnétiſme; elle a l'avantage de le concentrer dans ſa pointe, & d'en rendre les émanations plus puiſſantes. 2.° Le ſon, conformément au principe de M. Meſmer, eſt auſſi conducteur du Magnétiſme, & pour communiquer le fluide au *piano forte*, il ſuffit d'en approcher la baguette de fer; celui qui touche l'inſtrument en fournit auſſi, & le Magnétiſme eſt tranſmis par les ſons aux malades environnans. 3.° La corde dont les malades s'entourent, eſt deſtinée ainſi que la chaîne des pouces, à augmenter les effets par la communication. 4.° L'intérieur du baquet eſt compoſé de manière à y concentrer le Magnétifme ; c'eft un grand réfervoir d'où il fe répand par les branches de fer qui y plongent.

Les Commiffaires fe font affurés dans la fuite, au moyen d'un éleCtromètre & d'une aiguille de fer non aimantée, que le baquet ne contient rien qui foit ou éleCtrique ou aimanté ; & fur la déclaration que M. Deflon leur a faite de la compofition intérieure de ce baquet, ils n'y ont reconnu aucun agent phyfique, capable de contribuer aux effets annoncés du Magnétifme.

Les malades rangés en très-grand nombre, & à plufieurs rangs autour du baquet, reçoivent donc à la fois le Magné- *Manière d'exciter & de diriger le Magnétifme.* tifme par tous ces moyens : par les branches de fer qui leur tranfmettent celui du baquet ; par la corde enlacée autour du corps, & par l'union des pouces qui leur communiquent celui de leurs voifins ; par le fon du *piano forte,* ou d'une voix agréable qui le répand dans l'air. Les malades font encore magnétifés direCtement, au moyen du doigt & de la baguette de fer, promenés devant le vifage, deffus ou derrière la tête & fur les parties malades, toujours en obfervant la diftinCtion des pôles ; on agit fur eux par le regard & en les fixant. Mais furtout ils font magnétifés par l'application des mains, & par la preffion des doigts fur les hypocondres & fur les régions du bas-ventre ; application fouvent continuée pendant long-temps, quelquefois pendant plufieurs heures.

Alors les malades offrent un tableau très-varié par les *Effets obfer-* différens états où ils fe trouvent. Quelques - uns font *vés fur les malades.* calmes, tranquilles & n'éprouvent rien ; d'autres touffent, crachent, fentent quelque légère douleur, une chaleur locale ou une chaleur univerfelle, & ont des fueurs; d'autres font agités & tourmentés par des convulfions. Ces convulfions font extraordinaires par leur nombre, par leur durée & par leur force. Dès qu'une convulfion commence, plufieurs autres fe déclarent. Les Com- miffaires en ont vu durer plus de trois heures; elles font accompagnées d'expectorations d'une eau trouble & vifqueufe, arrachée par la violence des efforts. On y a vu quelquefois des filets de fang; & il y a entr'autres un jeune homme malade, qui en rend fouvent avec abon- dance. Ces convulfions font caractérifées par les mouve- mens précipités, involontaires de tous les membres & du corps entier, par le refferrement à la gorge, par des foubrefauts des hypocondres & de l'épigaftre, par le trouble & l'égarement des yeux, par des cris perçans, des pleurs, des hoquets & des rires immodérés. Elles font précédées ou fuivies d'un état de langueur & de rêverie, d'une forte d'abattement & même d'affoupiffe- ment. Le moindre bruit imprévu caufe des treffaillemens; & l'on a remarqué que le changement de ton & de mefure dans les airs joués fur le *Piano forte*, influoit fur les malades, en forte qu'un mouvement plus vif les agitoit davantage, & renouveloit la vivacité de leurs convulfions.

Il y a une falle matelaffée & deftinée primitivement aux malades tourmentés de ces convulfions, une falle nommée *des Crifes;* mais M. Deflon ne juge pas à propos d'en faire ufage, & tous les malades, quels que foient leurs

accidens, font également réunis dans les falles du traitement public.

Rien n'eft plus étonnant que le fpectacle de ces
convulfions ; quand on ne l'a point vu, on ne peut s'en
faire une idée : & en le voyant, on eft également furpris
& du repos profond d'une partie de ces malades, & de
l'agitation qui anime les autres ; des accidens variés qui
fe répètent ; des fympathies qui s'établiffent. On voit
des malades fe chercher exclufivement & en fe précipitant
l'un vers l'autre, fe fourire, fe parler avec affection &
adoucir mutuellement leurs crifes. Tous font foumis à
celui qui magnétife ; ils ont beau être dans un affoupiffement apparent, fa voix, un regard, un figne les en
retire. On ne peut s'empêcher de reconnoître, à ces
effets conftans, une grande puiffance qui agite les malades, les maîtrife, & dont celui qui magnétife femble
être le dépofitaire.

Cet état convulfif eft appelé improprement *Crife* dans
la théorie du Magnétifme animal : fuivant cette doctrine,
il eft regardé comme une crife falutaire, du genre de
celles que la Nature opère, ou que le Médecin habile
a l'art de provoquer pour faciliter la cure des maladies.
Les Commiffaires adopteront cette expreffion dans la
fuite de ce rapport, & lorfqu'ils fe ferviront du mot
crife, ils entendront toujours l'état où de convulfions,
ou d'affoupiffement en quelque forte léthargique, produit
par les procédés du Magnétifme animal.

Les Commiffaires ont obfervé que dans le nombre des
malades en crife, il y avoit toujours beaucoup de femmes

& peu d'hommes ; que ces crifes étoient une ou deux heures à s'établir ; & que dès qu'il y en avoit une d'établie, toutes les autres commençoient fucceffivement & en peu de temps. Mais après ces remarques générales, les Commiffaires ont bientôt jugé que le traitement public ne pouvoit pas devenir le lieu de leurs expériences. La multiplicité des effets eft un premier obftacle ; on voit trop de chofes à la fois pour en bien voir une en particulier. D'ailleurs des malades diftingués, qui viennent au traitement pour leur fanté, pourroient être importunés par les queftions ; le foin de les obferver pourroit ou les gêner ou leur déplaire ; les Commiffaires eux - mêmes feroient gênés par leur difcrétion. Ils ont donc arrêté que leur affiduité n'étant point néceffaire à ce traitement, il fuffifoit que quelques - uns d'eux y vinffent de temps en temps pour confirmer les premières obfervations générales, en faire de nouvelles s'il y avoit lieu, & en rendre compte à la commiffion affemblée.

Après avoir obfervé ces effets au traitement public, on a dû s'occuper d'en démêler les caufes, & de chercher les preuves de l'exiftence & de l'utilité du Magnétifme. La queftion de l'exiftence eft la première ; celle de l'utilité ne doit être traitée que lorfque l'autre aura été pleinement réfolue. Le Magnétifme animal peut bien exifter fans être utile, mais il ne peut être utile s'il n'exifte pas.

En conféquence le principal objet de l'examen des Commiffaires & le but effentiel de leurs premières expériences a dû être de s'affurer de cette exiftence. Cet objet

Remarques générales faites au traitement public :

les Commiffaires ne peuvent point y faire d'expériences.

Ces expériences doivent avoir pour premier objet de conftater l'exiftence du Magnétifme.

En s'occupant de cette exiftence, il faudroit

objet étoit encore très-vaste & avoit befoin d'être fim- plifié. Le Magnétifme animal embraffe la Nature entière; il eft, dit-on, le moyen de l'influence des corps céleftes fur nous; les Commiffaires ont cru qu'ils devoient d'abord écarter cette grande influence, ne confidérer que la partie de ce fluide répandue fur la terre, fans s'embarraffer d'où il vient, & conftater l'action qu'il exerce fur nous, autour de nous & fous nos yeux, avant d'examiner fes rapports avec l'Univers.

d'abord écarter l'idée des influences céleftes.

Le moyen le plus fûr pour conftater l'exiftence du fluide magnétique animal, feroit de rendre fa préfence fenfible, mais il n'a pas fallu beaucoup de temps aux Commiffaires pour reconnoître que ce fluide échappe à tous les fens. Il n'eft point lumineux & vifible comme l'électricité; fon action ne fe manifefte pas à la vue comme l'attraction de l'aimant; il eft fans goût & fans odeur; il marche fans bruit, & vous entoure ou vous pénètre fans que le tact vous avertiffe de fa préfence. S'il exifte en nous & autour de nous, c'eft donc d'une manière abfolument infenfible. Parmi ceux qui profeffent le Magnétifme, il en eft qui prétendent qu'on le voit quelquefois fortir de l'extrémité des doigts, qui lui fervent de conducteurs, ou qui croient fentir fon paffage lorfqu'on promène le doigt devant le vifage & fur la main. Dans le premier cas, l'émanation aperçue n'eft que celle de la tranfpiration, qui devient tout-à-fait vifible lorfqu'elle eft groffie au microfcope folaire; dans le fecond, l'impreffion de froid ou de frais qu'on éprouve, impreffion d'autant plus marquée

Le fluide Magnétique échappe à tous les fens.

C'eft par erreur qu'on a pu croire que la vue, le tact, pouvoient avertir de fa préfence.

B

qu'on a plus chaud, réfulte du mouvement de l'air qui fuit le doigt, & dont la température eft toujours au-deffous du degré de la chaleur animale. Lorfqu'au contraire on approche le doigt de la peau du vifage, plus froide que le doigt, & qu'on le laiffe en repos, on fait éprouver un fentiment de chaleur, qui eft la chaleur animale communiquée.

On prétend encore que ce fluide a de l'odeur, & qu'on la fent lorfqu'on porte fous le nez, ou le doigt ou un fer conducteur; on dit même que ces fenfations font différentes fous les deux narines felon qu'on dirige le doigt ou le fer à pôle direct ou à pôle oppofé.

Il n'eft pas plus fenfible à l'odorat. M. Deflon a fait l'expérience fur plufieurs Commiffaires; les Commiffaires l'ont répétée fur plufieurs fujets; aucun n'a éprouvé cette différence de fenfation d'une narine à l'autre : & fi, en y faifant attention, on a en effet reconnu quelqu'odeur, c'eft lorfqu'on préfente le fer, celle du fer même échauffé & frotté; & lorfqu'on préfente le doigt, celle des émanations de la tranfpiration, odeur fouvent mêlée à celle du fer dont le doigt même eft empreint. Ces effets ont été attribués par erreur au Magnétifme, ils appartiennent tous à des caufes naturelles & connues.

L'exiftence de ce fluide ne peut être conftatée que par fon action fur les corps animés. Auffi M. Deflon n'a jamais infifté fur ces impreffions paffagères, il n'a pas cru devoir les produire comme des preuves; & au contraire il a expreffément déclaré aux Commiffaires, qu'il ne pouvoit leur démontrer l'exiftence du Magnétifme que par l'action de ce fluide, opérant des changemens dans les corps animés. Cette exiſtence devient d'autant plus difficile à conſtater par des effets qui ſoient démonſtratifs & dont la cauſe ne ſoit pas équivoque; par des faits authentiques, ſur leſquels les circonſtances morales ne puiſſent pas influer; enfin par des preuves ſuſceptibles de frapper, de convaincre l'eſprit, les ſeules qui ſoient faites pour ſatisfaire les Phyſiciens éclairés.

L'action du Magnétiſme ſur les corps animés, peut être obſervée de deux manières différentes; ou par cette action long-temps continuée & par ſes effets curatifs dans le traitement des maladies, ou par ſes effets momentanés ſur l'économie animale & par les changemens obſervables qu'elle y produit. M. Deſlon inſiſtoit pour qu'on employât principalement & preſque excluſivement la première de ces méthodes; les Commiſſaires n'ont pas cru devoir le faire & voici leurs raiſons:

Par le traitement ſuivi des maladies, ou par les effets momentanés ſur l'économie animale.

La plupart des maladies ont leur ſiége dans l'intérieur du corps. La longue expérience d'un grand nombre de ſiècles a fait connoître les ſymptômes qui les annoncent & qui les caractériſent; la même expérience a indiqué la méthode de les traiter. Quel eſt dans cette méthode le but des efforts du Médecin! ce n'eſt point de contrarier & de dompter la Nature, c'eſt de l'aider dans ſes opérations. La Nature guérit les malades, a dit le Père de la Médecine; mais quelquefois elle rencontre des obſtacles qui la gênent dans ſon cours, qui conſument inutilement ſes forces. Le Médecin eſt le Miniſtre de la Nature; Obſervateur attentif, il étudie ſa marche. Si cette marche eſt ferme, ſûre, égale & ſans écarts, le Médecin l'obſerve

Raiſons des Commiſſaires pour exclure le traitement des maladies.

L'effet du reméde a toujours quelque incertitude.

Raiſon. Première.

B ij

en filence & fe garde de la troubler par des remèdes au
moins inutiles ; fi cette marche eft embarraffée, il la
facilite ; fi elle eft trop lente ou trop rapide, il l'accélère
ou la retarde. Il fe borne quelquefois à régler le régime
pour remplir fon objet ; quelquefois il emploie des
médicamens. L'action d'un médicament introduit dans
le corps humain, eft une force nouvelle, combinée
avec la grande force qui fait la vie : fi le remède fuit
les mêmes voies que cette force a déjà ouvertes, pour
l'expulfion des maux, il eft utile, il eft falutaire ; s'il tend
à ouvrir des routes contraires & à détourner cette action
intérieure, il eft nuifible. Cependant il faut convenir
que cet effet falutaire ou nuifible, tout réel qu'il eft, peut
échapper fouvent à l'obfervation vulgaire. L'hiftoire phyfique de l'homme offre des phénomènes très-finguliers
à cet égard. On voit que les régimes les plus oppofés,
n'ont pas empêché d'atteindre à une grande vieilleffe.
On voit des hommes, attaqués ce femble de la même
maladie, guéris en fuivant des régimes contraires, & en
prenant des remèdes entièrement différens ; la Nature eft
donc alors affez puiffante pour entretenir la vie malgré
le mauvais régime, & pour triompher à la fois & du
mal & du remède. Si elle a cette puiffance de réfifter
aux remèdes, à plus forte raifon a-t-elle le pouvoir
d'opérer fans eux. L'expérience de leur efficacité a donc
toujours quelque incertitude ; lorfqu'il s'agit du Magnétifme, il y a une incertitude de plus ; c'eft celle de fon
exiftence. Or comment s'affurer par le traitement des
maladies, de l'action d'un agent dont l'exiftence eft

conteftée, lorfqu'on peut douter de l'effet des médicamens dont l'exiftence n'eft pas un problème!

La cure que l'on cite le plus en faveur du Magné- *La cure des maladies ne prouve pas davantage.*
tifme, eft celle de M. le Baron de ***; la Cour & la ville
en ont été également inftruites. On n'entrera point ici dans
la difcuffion des faits; on n'examinera pas fi les remèdes *Seconde Raifon.*
précédemment employés ont pu contribuer à cette cure.
On admet d'une part, le plus grand danger dans l'état du
malade, & de l'autre l'inefficacité de tous les moyens de
la Médecine ordinaire; le Magnétifme a été mis en ufage
& M. le Baron de *** a été complètement guéri. Mais
une crife de la Nature ne pouvoit-elle pas feule opérer
cette cure! Une femme du peuple & très-pauvre,
demeurant au Gros-caillou, a été attaquée en 1779
d'une fièvre maligne très-bien caractérifée; elle a refufé
conftamment tous les fecours, elle a demandé feulement
qu'on lui tînt toujours plein d'eau un vafe qui étoit
auprès d'elle: elle eft reftée tranquille fur la paille qui lui
fervoit de lit, buvant de l'eau tout le jour, & ne faifant
rien autre chofe. La maladie s'eft développée, a paffé
fucceffivement par fes différens périodes, & s'eft terminée
par une guérifon complète (c). Mademoifelle G ***
demeurant aux Petites-écuries du Roi, portoit au fein
droit deux glandes qui l'inquiétoient beaucoup; un

(c) Cette obfervation détaillée a été donnée à la Faculté de
Médecine de Paris, dans une Affemblée *de prima menfis*, par
M. Bourdois de la Mothe, Médecin de charité de Saint-Sulpice,
qui a exactement vifité la malade tous les jours.

Chirurgien lui conseilla l'usage de l'eau du Peintre,
comme un excellent fondant ; lui annonçant que si ce
remède ne réussissoit pas dans un mois, il faudroit extirper
les glandes. La Demoiselle effrayée, consulta M. Sallin,
qui jugea que les glandes étoient susceptibles de résolution ;
M. Bouvart consulté ensuite, porta le même jugement.
Avant de commencer les remèdes, on lui conseilla la
dissipation ; quinze jours après elle fut prise à l'Opéra
d'une toux violente & d'une expectoration si abondante,
qu'on fut obligé de la ramener chez elle ; elle cracha
dans l'espace de quatre heures, environ trois pintes d'une
lymphe glaireuse ; une heure après M. Sallin examina
le sein, il n'y trouva plus aucun vestige de glande.
M. Bouvart appelé le lendemain, constata l'heureux
effet de cette crise naturelle. Si mademoiselle G * * *
avoit pris de l'eau du Peintre, le Peintre auroit eu l'hon-
neur de la cure.

L'observation constante de tous les siècles prouve, &
les Médecins reconnoissent que la Nature seule & sans
aucun traitement, guérit un grand nombre de malades.
Si le Magnétisme étoit sans action, les malades soumis à
ses procédés, seroient comme abandonnés à la Nature.
Il seroit absurde de choisir pour constater l'existence de
cet agent, un moyen qui, en lui attribuant toutes les
cures de la Nature, tendroit à prouver qu'il a une action
utile & curative, lors même qu'il n'en auroit aucune.

Les Commissaires sont en cela de l'avis de M. Mesmer.
Il rejeta la cure des maladies, lorsque ce moyen de
prouver le Magnétisme lui fut proposé par un Membre

de l'Académie des Sciences : *c'est*, dit - il, *une erreur de croire que cette espèce de preuve soit sans replique ; rien ne prouve démonstrativement que le Médecin ou la Médecine guériffent les malades (d).*

Le traitement des maladies ne peut donc fournir que des réfultats toujours incertains & fouvent trompeurs ; cette incertitude ne fauroit être diffipée, & toute caufe d'illufion compenfée, que par une infinité de cures, & peut-être par l'expérience de plufieurs fiècles. L'objet & l'importance de la Commiffion demandent des moyens plus prompts. Les Commiffaires ont dû fe borner aux preuves purement phyfiques, c'eft-à-dire, aux effets momentanés du fluide fur le corps animal, en dépouillant ces effets de toutes les illufions qui peuvent s'y mêler, & en s'affurant qu'ils ne peuvent être dûs à aucune autre caufe que le Magnétifme animal.

Les Commiffaires doivent fe borner aux preuves phyfiques.

Ils fe font propofé de faire des expériences fur des fujets ifolés, qui vouluffent bien fe prêter aux expériences variées qu'on pourroit imaginer ; & qui les uns par leur fimplicité, les autres par leur intelligence, fuffent capables de rendre un compte fidèle & exact de ce qu'ils auroient éprouvé. Ces expériences ne feront point préfentées ici fuivant l'ordre des temps, mais fuivant l'ordre des faits qu'elles doivent éclaircir.

Expérience des Commiffaires fur différens fujets.

Les Commiffaires ont d'abord réfolu de faire fur euxmêmes leurs premières expériences, & de fe foumettre à l'action du Magnétifme. Ils étoient très-curieux de recon-

Les Commiffaires veulent faire la première fur eux-mêmes.

_____

(d) M. Mefmer, Précis hiftorique, *pages 35, 37.*

noître par leurs propres fenfations les effets annoncés de
cet agent. Ils fe font donc foumis à ces effets, & avec
une réfolution telle, qu'ils n'auroient point été fâchés
d'éprouver des accidens & un dérangement de fanté,
qui bien reconnu pour être un effet certain du Magnétifme, les auroit mis à même de réfoudre fur le champ &
par leur propre témoignage cette queftion importante.
Mais en fe foumettant ainfi au Magnétifme, les Commiffaires ont ufé d'une précaution néceffaire. Il n'y a
point d'individu, dans l'état de la meilleure fanté, qui
s'il vouloit s'écouter attentivement, ne fentît au-dedans
de lui, une infinité de mouvemens & de variations, foit
de douleur infiniment légère, foit de chaleur dans différentes parties de fon corps; ces variations qui ont lieu
dans tous les temps font indépendantes du Magnétifme.
Il n'eft peut-être pas indifférent de porter & de fixer ainfi
fur foi fon attention. Il y a tant de rapports, quel qu'en
foit le moyen, entre la volonté de l'ame & les mouvemens du corps, qu'on ne fauroit dire jufqu'où peut aller
l'influence de l'attention, qui ne femble qu'une fuite de
volontés, dirigées conftamment & fans interruption vers
le même objet. Quand on confidère que la volonté remue
le bras comme il lui plaît, doit-on être fûr que l'attention, arrêtée fur quelque partie intérieure du corps, ne
peut y exciter de légers mouvemens, y porter de la chaleur, & en modifier l'état actuel de manière à y produire
de nouvelles fenfations ! Le premier foin des Commiffaires
a dû être de ne fe pas rendre trop attentifs à ce qui fe
paffoit en eux. Si le Magnétifme eft une caufe réelle &

puiffante,

puiffante, elle n'a pas befoin qu'ils y penfent pour agir
& pour fe manifefter ; elle doit pour ainfi dire forcer,
fixer leur attention, & fe faire apercevoir d'un efprit
diftrait même à deffein.

Mais en prenant le parti de faire des expériences fur
eux-mêmes, les Commiffaires ont unanimement réfolu
de les faire entr'eux, fans y admettre d'autre étranger
que M. Deflon pour les magnétifer, ou des perfonnes
choifies par eux ; ils fe font également promis de ne point
magnétifer au traitement public, afin de pouvoir difcuter
librement leurs obfervations, & d'être dans tous les cas
les feuls, ou du moins les premiers juges de ce qu'ils
auroient obfervé.

En conféquence on leur a confacré chez M. Deflon,
une chambre féparée & un baquet particulier, & les
Commiffaires ont été s'y placer une fois chaque femaine ;
ils y font reftés jufqu'à deux heures & demie de fuite, la
branche de fer appuyée fur l'hypocondre gauche, entourés
de la corde de communication, & faifant de temps en
temps la chaîne des pouces. Ils ont été magnétifés, foit
par M. Deflon, foit par un de fes Difciples envoyé
à fa place, les uns plus long-temps & plus fouvent, &
c'étoient les Commiffaires qui paroiffoient devoir être
les plus fenfibles ; ils ont été magnétifés, tantôt avec le
doigt & la baguette de fer préfentés & promenés fur
différentes parties du corps, tantôt par l'application des
mains & par la preffion des doigts, ou aux hypocondres,
ou fur le creux de l'eftomac.

Aucun d'eux n'a rien fenti, ou du moins n'a rien

Expérience faite fur eux-mêmes, une fois chaque femaine.

C

éprouvé qui fût de nature à être attribué à l'action du Magnétisme. Quelques-uns des Commissaires sont d'une constitution robuste ; quelques autres ont une constitution moins forte, & sont sujets à des incommodités : un de ceux-ci a éprouvé une légère douleur au creux de l'estomac, à la suite de la forte pression qu'on y avoit exercée. Cette douleur a subsisté tout le jour & le lendemain, elle a été accompagnée d'un sentiment de fatigue & de mal-aise. Un second a ressenti l'après-midi d'un des jours où il a été touché, un léger agacement dans les nerfs, auquel il est fort sujet. Un troisième, doué d'une plus grande sensibilité, & sur-tout d'une mobilité extrême dans les nerfs, a éprouvé plus de douleur & des agacemens plus marqués ; mais ces petits accidens sont la suite des variations perpétuelles & ordinaires de l'état de santé, & par conséquent étrangers au Magnétisme, ou résultent de la pression exercée sur la région de l'estomac. Les Commissaires ne font même mention de ces légers détails, que par une fidélité scrupuleuse ; ils les disent parce qu'ils se sont imposé la loi de dire toujours & sur toute chose la vérité.

Différence
des effets au
traitement
public, & à
leur
traitement
particulier.

Les Commissaires n'ont pu qu'être frappés de la différence du traitement public avec leur traitement particulier au baquet. Le calme & le silence dans l'un, le mouvement & l'agitation dans l'autre ; là, des effets multipliés, des crises violentes, l'état habituel du corps & de l'esprit interrompu & troublé, la Nature exaltée ; ici, le corps sans douleur, l'esprit sans trouble, la Nature conservant & son équilibre & son cours ordinaire, en un mot l'absence

(19)

de tous les effets; on ne retrouve plus cette grande
puiſſance qui étonne au traitement public; le Magnétiſme
ſans énergie paroît dépouillé de toute action ſenſible.

Les Commiſſaires n'ayant d'abord été au baquet que
tous les huit jours, ont voulu éprouver ſi la continuité
ne produiroit pas quelque choſe; ils y ont été trois jours
de ſuite, mais leur inſenſibilité a été la même, & ils
n'ont obtenu aucun effet. Cette expérience faite & répétée à la fois ſur huit ſujets, dont pluſieurs ont des
incommodités habituelles, ſuffit pour conclure que le
Magnétiſme n'a que peu ou point d'action dans l'état
de ſanté, & même dans cet état de légères infirmités.
On a réſolu de faire des épreuves ſur des perſonnes
réellement malades, & on les a choiſies dans la claſſe
du peuple.

Sept malades ont été raſſemblés à Paſſy chez M.
Franklin; ils ont été magnétiſés devant lui & devant les
autres Commiſſaires par M. Deſlon.

La veuve Saint-Amand, aſthmatique, ayant le ventre, les
cuiſſes & les jambes enflées; & la femme Anſeaume, qui
avoit une groſſeur à la cuiſſe, n'ont rien ſenti; le petit Claude
Renard, enfant de ſix ans, ſcrofuleux, preſque étique,
ayant le genou gonflé, la jambe fléchie & l'articulation
preſque ſans mouvement, enfant intéreſſant & plus rai-
ſonnable que ſon âge ne le comporte, n'a également rien
ſenti, ainſi que Geneviève Leroux, âgée de neuf ans,
attaquée de convulſions & d'une maladie aſſez ſemblable
à celle que l'on nomme *chorea ſancti Viti.* François
Grenet a éprouvé quelques effets; il a les yeux malades,

C ij

Ils vont
pluſieurs
jours de ſuite
au
traitement,
&
n'éprouvent
rien de plus.

Deuxième
expérience:
malades de la
claſſe du
Peuple,
éprouvés.

particulièrement le droit dont il ne voit prefque pas, &
où il a une tumeur confidérable. Quand on a magnétifé
l'œil gauche en approchant, en agitant le pouce de près
& affez long-temps, il a éprouvé de la douleur dans le
globe de l'œil, & l'œil a larmoyé. Quand on a magnétifé l'œil droit qui eft le plus malade, il n'y a rien fenti;
il a fenti la même douleur à l'œil gauche, & rien par-
tout ailleurs.

La femme Charpentier qui a été jetée à terre contre
une poutre, par une vache, il y a deux ans, a éprouvé
plufieurs fuites de cet accident; elle a perdu la vue, l'a
recouvrée en partie, mais elle eft reftée dans un état
d'infirmités habituelles; elle a déclaré avoir deux def-
centes, & le ventre d'une fenfibilité fi grande qu'elle ne
peut fupporter les cordons de la ceinture de fes jupes:
cette fenfibilité appartient à des nerfs agacés & rendus
très-mobiles; la plus légère preffion faite dans la région
du ventre, peut déterminer cette mobilité & produire
des effets dans tout le corps par la correfpondance des
nerfs.

Cette femme a été magnétifée comme les autres, par
l'application & par la preffion des doigts; la preffion
lui a été douloureufe : enfuite en dirigeant le doigt vers
la defcente, elle s'eft plainte de douleur à la tête; le doigt
étant placé devant le vifage, elle a dit qu'elle perdoit
la refpiration. Au mouvement réitéré du doigt de haut
en bas, elle avoit des mouvemens précipités de la tête
& des épaules, comme on en a d'une furprife mêlée
de frayeur, & femblables à ceux d'une perfonne à qui

on jetteroit quelques gouttes d'eau froide au visage. Il a
semblé qu'elle éprouvoit les mêmes mouvemens ayant
les yeux fermés. On lui a porté les doigts sous le nez
en lui faisant fermer les yeux, & elle a dit qu'elle se
trouveroit mal si on continuoit. Le septième malade,
Joseph Ennuyé, a éprouvé des effets du même genre,
mais beaucoup moins marqués.

Sur ces sept malades, il y en a quatre qui n'ont rien
senti & les trois autres ont éprouvé des effets. Ces effets
méritoient de fixer l'attention des Commissaires &
demandoient un examen scrupuleux.

Effets
partagés. Les
uns sentent
quelque
chose, les
autres ne
sentent rien.

Les Commissaires pour s'éclairer & pour fixer leurs
idées à cet égard, ont pris le parti d'éprouver des
malades placés dans d'autres circonstances, des malades
choisis dans la société, qui ne pussent être soupçonnés
d'aucun intérêt & dont l'intelligence fût capable de
discuter leurs propres sensations & d'en rendre compte.
Mesdames de B ** & de V **, Messieurs M ** &
R *** ont été admis au baquet particulier avec les
Commissaires ; on les a priés d'observer ce qu'ils senti-
roient, mais sans y porter une attention trop suivie.
M. M** & M.ᵐᵉ de V** sont les seuls qui aient éprouvé
quelque chose. M. M** a une tumeur froide sur toute
l'articulation du genou & il sent de la douleur à la rotule.
Il a déclaré après avoir été magnétisé, n'avoir rien
éprouvé dans tout le corps, excepté au moment qu'on
a promené le doigt devant le genou malade ; il a cru
sentir alors une légère chaleur à l'endroit où il a habi-
tuellement de la douleur. M.ᵐᵉ de V** attaquée de

Troisième
expérience.
On éprouve
des malades
d'une classe
plus
distinguée.

maux de nerfs, a été plufieurs fois fur le point de s'endormir pendant qu'on la magnétifoit. Magnétifée pendant
une heure dix-neuf minutes fans interruption, & le plus
fouvent par l'application des mains, elle a éprouvé
feulement de l'agitation & du mal-aife. Ces deux malades
ne font venus qu'une fois au baquet. M. R** malade
d'un refte d'engorgement dans le foie, à la fuite d'une
forte obftruction mal guérie, y eft venu trois fois, &
n'a rien fenti. M.me de B** gravement attaquée d'obftructions, y eft venue conftamment avec les Commiffaires, elle n'a rien fenti ; & il faut obferver qu'elle s'eft
foumife au Magnétifme avec une tranquillité parfaite, qui
venoit d'une grande incrédulité.

Différens malades ont été éprouvés dans d'autres occa-
fions, mais non autour du baquet. Un des Commiffaires
dans un accès de migraine a été magnétifé par M. Deflon
pendant une demi-heure ; un des fymptômes de cette
migraine eft un froid exceffif aux pieds. M. Deflon a
approché fon pied de celui du malade, le pied n'a point été
réchauffé, la migraine a eu fa durée ordinaire ; & le malade
s'étant remis auprès du feu en a obtenu les effets falu-
taires que la chaleur lui a conftamment procurés, fans
avoir éprouvé ni pendant le jour ni la nuit fuivante aucun
effet du Magnétifme.

M. Franklin, quoique fes incommodités l'aient empêché de fe tranfporter à Paris, & d'affifter aux expériences
qui y ont été faites, a été lui-même magnétifé par M.
Deflon qui s'eft rendu chez lui à Paffy. L'affemblée
étoit nombreufe ; tous ceux qui étoient préfens ont été

magnétifés. Quelques malades qui avoient accompagné M. Deflon, ont reffenti les effets du Magnétifme, comme ils ont coutume de les reffentir au traitement public; mais Mme de B**, M. Franklin, fes deux Parentes, fon Secrétaire, un Officier Américain, n'ont rien éprouvé, quoiqu'une des parentes de M. Franklin fut convalefcente, & l'Officier Américain alors malade d'une fièvre réglée.

Ces différentes expériences fourniffent des faits propres à être rapprochés & comparés, & dont les Commiffaires ont pu tirer des conclufions. Sur quatorze malades, il y en a cinq qui ont parù éprouver des effets, & neuf qui n'en ont éprouvé aucun. Celui des Commiffaires qui avoit la migraine & les pieds glacés, n'a point éprouvé de foulagement du Magnétifme, & fes pieds n'ont point été réchauffés. Cet agent n'a donc point la propriété qu'on lui attribue, de communiquer de la chaleur aux pieds. On annonce encore le Magnétifme, comme propre à faire connoître l'efpèce & furtout le fiége du mal, par la douleur que l'action de ce fluide y porte immanquablement. Cet avantage feroit précieux; le fluide indicateur du mal, feroit un grand moyen dans les mains du Médecin, fouvent trompé par des fymptômes équivoques; mais François Grenet, n'a éprouvé quelque fenfation & quelque douleur qu'à l'œil le moins malade. Si l'autre œil n'avoit pas été rouge & tuméfié, on auroit pu le croire intact en jugeant d'après l'effet du Magnétifme. M. R** & Mme de B**, tous les deux attaqués d'obftructions, & Mme de B**

Comparaifon des réfultats de ces trois expériences.

très-gravement, n'ayant rien fenti, n'auroient été avertis
ni du fiége, ni de l'efpèce de leur mal. Les obftructions
font cependant des maladies que l'on annonce comme
plus particulièrement foumifes à l'action du Magnétifme ;
puifque fuivant la nouvelle théorie, la circulation libre
& rapide de ce fluide par les nerfs, eft un moyen de
débarraffer les canaux & de détruire les obftacles, c'eft-
à-dire, les engorgemens qu'il y rencontre. On dit en
même temps que le Magnétifme eft la pierre de touche
de la fanté : fi M. R** & M.ᵐᵉ de B** n'avoient
pas éprouvé les dérangemens & les fouffrances inſépa-
rables des obftructions, ils auroient été fondés à fe
croire dans la meilleure fanté du monde. On en doit
dire autant de l'Officier Américain : le Magnétifme
annoncé comme indicateur des maux, a donc abfolument
manqué fon effet.

La chaleur que M. M** a fentie à la rotule, eft un
effet trop léger & trop fugitif pour en rien conclure.
On peut foupçonner qu'il vient de la caufe développée
ci-deffus, c'eft-à-dire, de trop d'attention à s'obferver :
la même attention retrouveroit des fenfations femblables
dans tout autre moment où le Magnétifme ne feroit
pas employé. L'affoupiffement éprouvé par M.ᵐᵉ de V**,
vient fans doute de la conftance & de l'ennui de
la même fituation ; fi elle a eu quelque mouvement
vaporeux, on fait que le propre des affections de nerfs,
eft de tenir beaucoup à l'attention qu'on y fait ; il fuffit
d'y penfer ou d'en entendre parler pour les faire renaître.
On peut juger de ce qui doit arriver à une femme,

dont

(25)

dont les nerfs font très-mobiles, & qui magnétifée durant une heure dix-neuf minutes, n'a pendant ce temps d'autre penfée que celle des maux qui lui font habituels. Elle auroit pu avoir une crife nerveufe plus confidérable, fans qu'on dût en être furpris.

Il ne refte donc que les effets produits fur la femme Charpentier, fur François Grenet & fur Jofeph Ennuyé, qui puiffent paroître appartenir au Magnétifme. Mais alors en comparant ces trois faits particuliers à tous les autres, les Commiffaires ont été étonnés que ces trois malades de la claffe du peuple, foient les feuls qui aient fenti quelque chofe, tandis que ceux qui font dans une claffe plus élevée, doués de plus de lumières, plus capables de rendre compte de leurs fenfations n'ont rien éprouvé. Sans doute François Grenet a éprouvé de la douleur à l'œil & un larmoiement, parce qu'on a approché le pouce très-près de fon œil; la femme Charpentier s'eft plainte qu'en touchant à l'eftomac la preffion répondoit à fa defcente; & cette preffion peut avoir produit une partie des effets que la femme a éprouvés; mais les Commiffaires ont foupçonné que ces effets avoient été augmentés par des circonftances morales.

Repréfentons-nous la pofition d'une perfonne du peuple, par conféquent ignorante, attaquée d'une maladie & defirant de guérir, amenée avec appareil devant une grande affemblée compofée en partie de Médecins, où on lui adminiftre un traitement tout-à-fait nouveau pour elle, & dont elle fe perfuade d'avance qu'elle va éprouver des prodiges. Ajoutons que fa complaifance eft payée, &

D

qu'elle croit nous fatisfaire davantage en difant qu'elle
éprouve des effets, & nous aurons des caufes naturelles
pour expliquer ces effets; nous aurons du moins des
raifons légitimes de douter que leur vraie caufe foit le
Magnétifme.

Les enfans qui ne font pas fufceptibles de prévention, ne fentent rien.

D'ailleurs on peut demander pourquoi le Magnétifme
a eu ces effets fur des gens qui favoient ce qu'on leur
faifoit, qui pouvoient croire avoir intérêt à dire ce qu'ils
ont dit, tandis qu'il n'a eu aucune prife fur le petit Claude
Renard, fur cette organifation délicate de l'enfance, fi
mobile & fi fenfible! la raifon & l'ingénuité de cet enfant
affurent la vérité de fon témoignage. Pourquoi cet agent
n'a-t-il rien produit fur Geneviève Leroux, qui étoit
dans un état perpétuel de convulfions? Elle a certainement des nerfs mobiles, comment le Magnétifme ne
s'eft-il pas manifefté, foit en augmentant, foit en dimi-
nuant fes convulfions? Son indifférence & fon impaffibilité
portent à croire qu'elle n'a rien fenti, parce que l'ab-
fence de fa raifon ne lui a pas permis de juger qu'elle
dût fentir quelque chofe.

On foupçonne que l'imagination a part aux effets produits.

Ces faits ont permis aux Commiffaires d'obferver que
le Magnétifme a femblé être nul pour ceux des malades
qui s'y font foumis avec quelque incrédulité; que les
Commiffaires, même ceux qui ont des nerfs plus mobiles
ayant détourné exprès leur attention, s'étant armés du
doute philofophique qui doit accompagner tout examen,
n'ont point éprouvé les impreffions qu'ont reffenties les
trois malades de la claffe du peuple, & ils ont dû foupçonner que ces impreffions, en les fuppofant toutes

réelles, étoient la suite d'une persuasion anticipée, & pouvoient être un effet de l'imagination. Il en a résulté un autre plan d'expériences. Leurs recherches vont être déformais dirigées vers un nouvel objet ; il s'agit de détruire ou de confirmer ce soupçon, de déterminer jusqu'à quel point l'imagination peut influer sur nos sensations, & de constater si elle peut être la cause en tout ou en partie des effets attribués au Magnétisme.

On se propose de faire des expériences, pour détruire ou pour confirmer ce soupçon.

Alors les Commissaires ont entendu parler des Expériences qui ont été faites chez M. le Doyen de la Faculté, par M. Jumelin, Docteur en Médecine : ils ont desiré de voir ces expériences, & ils se sont rassemblés avec lui chez l'un d'eux, M. Majault. M. Jumelin leur a déclaré qu'il n'étoit disciple ni de M. Mesmer, ni de M. Deslon, il n'a rien appris d'eux sur le Magnétisme animal ; & sur ce qu'il en a entendu dire, il a conçu des principes & s'est fait des procédés. Ses principes consistent à regarder le fluide magnétique animal comme un fluide qui circule dans les corps, & qui en émane, mais qui est essentiellement le même que celui qui fait la chaleur ; fluide qui comme tous les autres, tendant à l'équilibre, passe du corps qui en a le plus dans celui qui en a le moins. Ses procédés font également différens de ceux de M.rs Mesmer & Deslon ; il magnétise comme eux avec le doigt & la baguette de fer conducteurs, & par l'application des mains, mais sans aucune distinction de pôles.

Méthode de M. Jumelin, pour magnétiser, différente de celle de M.rs Mesmer & Deslon.

Huit hommes & deux femmes, ont d'abord été

Quatrième
expérience :
elle prouve
que par cette
méthode
on produit
les mêmes
effets.

magnétifés & n'ont rien fenti ; enfin une femme qui eft
Portière de M. Alphonfe le Roy, Docteur en Médecine,
ayant été magnétifée au front, mais fans la toucher, a dit
qu'elle fentoit de la chaleur. M. Jumelin promenant fa
main, & préfentant les cinq extrémités de fes doigts fur
tout le vifage de la femme, elle a dit qu'elle fentoit
comme une flamme qui fe promenoit : magnétifée à
l'eftomac, elle a dit y fentir de la chaleur ; magnétifée fur
le dos, elle a dit y fentir la même chaleur : elle a déclaré
de plus, qu'elle avoit chaud dans tout le corps & mal
à la tête.

Les Commiffaires voyant que fur onze perfonnes
foumifes à l'expérience, une feule avoit été fenfible au
Magnétifme de M. Jumelin, ont penfé que celle-ci
n'avoit éprouvé quelque chofe que parce qu'elle avoit
fans doute l'imagination plus facile à ébranler ; l'occafion
étoit favorable pour s'en éclaircir. La fenfibilité de cette
femme étant bien prouvée, il ne s'agiffoit que de la
mettre à l'abri de fon imagination, ou du moins de
mettre fon imagination en défaut. Les Commiffaires ont
propofé de lui bander les yeux, afin d'obferver quelles
feroient fes fenfations, lorfqu'on opéreroit à fon infu.
On lui a bandé les yeux & on l'a magnétifée ; alors les
phénomènes n'ont plus répondu aux endroits où on a
dirigé le Magnétifme. Magnétifée fucceffivement fur
l'eftomac & dans le dos, la femme n'a fenti que de la
chaleur à la tête, de la douleur dans l'œil droit, dans
l'œil & dans l'oreille gauches.

On lui a débandé les yeux, & M. Jumelin lui ayant

appliqué fes mains fur les hypocondres, elle a dit y fentir de la chaleur; puis au bout de quelques minutes, elle a dit qu'elle alloit fe trouver mal, & elle s'eft trouvée mal en effet. Lorfqu'elle a été bien revenue à elle, on l'a reprife, on lui a bandé les yeux, on a écarté M. Jumelin, recommandé le filence, & on a fait accroire à la femme qu'elle étoit magnétifée. Les effets ont été les mêmes quoiqu'on n'agît fur elle ni de près, ni de loin; elle a éprouvé la même chaleur, la même douleur dans les yeux & dans les oreilles; elle a fenti de plus de la chaleur dans le dos & dans les reins.

Au bout d'un quart d'heure, on a fait figne à M. Jumelin de la magnétifer à l'eftomac, elle n'y a rien fenti, au dos de même. Les fenfations ont diminué au lieu d'augmenter. Les douleurs de la tête font reftées, la chaleur du dos & des reins a ceffé.

On voit qu'il y a eu ici des effets produits, & ces effets font femblables à ceux qu'ont éprouvés les trois malades dont il a été queftion ci-deffus. Mais les uns & les autres ont été obtenus par des procédés différens; il s'enfuit que les procédés n'y font rien. La méthode de M.⁰ Mefmer & Deflon, & une méthode oppofée donnent également les mêmes phénomènes. La diftinction des pôles eft donc chimérique.

On conclut que la méthode eft indifférente, que la diftinction des pôles eft chimérique.

· On peut obferver que quand la femme y voyoit, elle plaçoit fes fenfations précifément à l'endroit magnétifé; au lieu que quand elle n'y voyoit pas, elle les plaçoit au hafard, & dans des parties très-éloignées des endroits où on dirigeoit le Magnétifme. Il a été naturel de conclure

Effets marqués de l'imagination.

que l'imagination déterminoit ces fenfations vraies ou
fauffes. On en a été convaincu quand on a vu qu'étant
bien repofée, ne fentant plus rien, & ayant les yeux
bandés, cette femme éprouvoit tous les mêmes effets,
quoiqu'on ne la magnétifât pas ; mais la démonftration a
été complète, lorfqu'après une féance d'un quart-d'heure,
fon imagination s'étant fans doute laffée & refroidie, les
effets au lieu d'augmenter ont diminué au moment où
la femme a été réellement magnétifée.

Si elle s'eft trouvée mal, cet accident arrive quelquefois aux femmes, lorfqu'elles font ferrées & gênées
dans leurs vêtemens. L'application des mains aux hypocondres a pu produire le même effet fur une femme
exceffivement fenfible ; mais on n'a pas même befoin
de cette caufe pour expliquer le fait. Il faifoit alors très-
chaud, la femme avoit éprouvé fans doute de l'émotion
dans les premiers momens, elle a fait effort pour fe foumettre à un traitement nouveau, inconnu, & après un
effort trop long-temps foutenu, il n'eft pas extraordinaire
de tomber en foibleffe.

Cet évanouiffement a donc une caufe naturelle &
connue, mais les fenfations qu'elle a éprouvées lorfqu'on
ne la magnétifoit pas, ne peuvent être que l'effet de
l'imagination. Par des expériences femblables que M.
Jumelin a faites au même lieu, le lendemain, en préfence des Commiffaires, fur un homme les yeux bandés,
& fur une femme les yeux découverts, on a eu les
mêmes réfultats ; on a reconnu que leurs réponfes étoient
évidemment déterminées par les queftions qu'on leur

*Cinquième
expérience,
qui donne
les mêmes
réfultats,
& montre
également
l'effet de
l'imagination.*

faifoit. La queftion indiquoit où devoit être la fenfation ; au lieu de diriger fur eux le Magnétifme, on ne faifoit que monter & diriger leur imagination. Un enfant de cinq ans, magnétifé enfuite, n'a fenti que la chaleur qu'il avoit précédemment contractée en jouant.

Ces expériences ont paru affez importantes aux Commiffaires, pour leur faire defirer de les répéter, afin d'obtenir de nouvelles lumières, & M. Jumelin a eu la complaifance de s'y prêter. Il feroit inutile d'objecter que la méthode de M. Jumelin eft mauvaife ; car on ne fe propofoit pas dans ce moment d'éprouver le Magnétifme, mais l'imagination.

Les Commiffaires font convenus de bander les yeux des fujets éprouvés, de ne point les magnétifer le plus fouvent, & de faire les queftions avec affez d'adreffe pour leur indiquer les réponfes. Cette marche ne devoit pas les induire en erreur, elle ne trompoit que leur imagination. En effet, lorfqu'ils ne font point magnétifés, leur feule réponfe doit être qu'ils ne fentent rien ; & lorfqu'ils le font, c'eft l'impreffion fentie qui doit dicter leur réponfe, & non la manière dont ils font interrogés.

En conféquence les Commiffaires s'étant tranfportés chez M. Jumelin, on a commencé par éprouver fon domeftique. On lui a appliqué fur les yeux un bandeau, préparé exprès, & qui a fervi dans toutes les expériences fuivantes. Ce bandeau étoit compofé de deux calottes de gomme élaftique, dont la concavité étoit remplie par de l'édredon ; le tout enfermé & coufu dans deux morceaux d'étoffe taillés en rond. Ces deux pièces étoient attachées

Sixième expérience, qui confirme & qui donne encore les mêmes réfultats.

l'une à l'autre; elles avoient des cordons qui fe lioient par-derrière. Placées fur les yeux, elles laiffoient dans leur intervalle, la place du nez & toute liberté pour la refpiration fans qu'on pût rien voir, même la lumière du jour, ni au travers, ni au-deffus, ni au-deffous du ban-deau. Ces précautions prifes pour la commodité des fujets éprouvés & pour la certitude des réfultats, on a perfuadé au Domeftique de M. Jumelin qu'il étoit magné-tifé. Alors il a fenti une chaleur prefque générale, des mouvemens dans le ventre, la tête s'eft appefantie; peu-à-peu il s'eft affoupi, & a paru fur le point de s'endormir. Ce qui prouve, comme on l'a dit plus haut, que cet effet tient à la fituation, à l'ennui, & non au magnétifme.

Magnétifé enfuite les yeux découverts, en lui préfen-tant la baguette de fer au front, il y fent des picotemens: les yeux rebandés, quand on la lui préfente, il ne la fent point; & quand on ne la lui préfente pas, interrogé s'il ne fent rien au front, il déclare qu'il fent quelque chofe aller & revenir dans la largeur du front.

M. B**, homme inftruit, & particulièrement en Mé-decine, les yeux bandés, offre le même fpectacle; éprou-vant des effets lorfqu'on n'agit pas, n'éprouvant fouvent rien lorfqu'on agit. Ces effets ont même été tels qu'avant d'avoir été magnétifé en aucune manière, mais croyant l'être depuis dix minutes, il fentoit dans les lombes une chaleur qu'il comparoit à celle d'un poêle. Il eft évident que M. B** avoit une fenfation forte, puifque pour en donner l'idée il a eu befoin de recourir à une pareille comparaifon;

comparaifon ; & cette fenfation il ne la devoit qu'à
l'imagination, qui feule agiffoit fur lui.

Les Commiffaires, fur-tout les Médecins, ont fait
une infinité d'expériences fur différens fujets qu'ils ont
eux-mêmes magnétifés, ou à qui ils ont fait croire qu'ils
étoient magnétifés. Ils ont indifféremment magnétifé, ou
à pôles oppofés, ou à pôles directs & à contre-fens, &
dans tous les cas, ils ont obtenu les mêmes effets; il n'y
a eu dans toutes ces épreuves, d'autre différence que
celle des imaginations plus ou moins fenfibles *(e)*. Ils
fe font donc convaincus par les faits, que l'imagination

Il eſt évident que ces effets appartiennent à l'imagination.

(e) M. Sigault, Docteur en Médecine de la Faculté de Paris,
connu pour avoir imaginé l'opération de la fymphyfe, a fait plufieurs
expériences qui prouvent que le magnétifme n'eſt que l'effet de
l'imagination. Voici le détail qu'il en a donné dans une lettre
datée du 30 Juillet, & adreffée à l'un des Commiffaires.

« Ayant laiffé croire dans une grande maifon, au Marais, que
j'étois adepte de M. Mefmer, j'ai produit fur une Dame, différens «
effets. Le ton, l'air férieux que j'affectai, joint à des geftes, lui «
firent une très-grande impreffion, qu'elle voulut d'abord me «
diffimuler; mais ayant porté ma main fur la région du cœur, j'ai «
fenti qu'il palpitoit. Son état d'oppreffion défignoit d'ailleurs un «
refferrement dans la poitrine. A ces fymptômes, s'en joignirent «
bientôt d'autres; la face devint convulfive, les yeux fe troublèrent; «
elle tomba enfin évanouie, vomit enfuite fon dîner, eut plufieurs «
garde-robes, & s'eſt trouvée dans un état de foibleffe & d'affaiffe- «
ment incroyable. J'ai répété le même manège fur plufieurs «
perfonnes, avec plus ou moins de fuccès, felon leur degré de «
croyance & de fenfibilité ».

« Un Artifte célèbre, qui donne des leçons de deffin aux Enfans
d'un de nos Princes, fe plaignoit depuis quelques jours d'une «
grande migraine; il m'en fit part fur le Pont-royal; lui ayant «

E

feule peut produire différentes fenfations & faire éprouver de la douleur, de la chaleur, même une chaleur confidérable dans toutes les parties du corps, & ils ont

» perfuadé que j'étois initié dans les myftères de M. Mefmer; » prefque auffi-tôt, au moyen de quelques geftes, j'enlevai fa douleur à fon grand étonnement ».

« J'ai produit les mêmes effets fur un garçon Chapelier attaqué » auffi d'une migraine; mais celui-ci n'éprouvant rien à mes premiers » geftes, je lui portai ma main fur les fauffes côtes, en lui difant » de me regarder. Dès-lors il éprouva un ferrement de poitrine, » des palpitations, des baillemens, & un très-grand mal-aife. Il ne » douta plus dès ce moment, du pouvoir que j'avois fur lui. En » effet, ayant porté mon doigt fur la partie affectée, je l'interrogeai » fur ce qu'il éprouvoit. Il me répondit que fa douleur defcendoit. » Je lui affurai que j'allois la diriger vers le bras & la faire fortir » par le pouce, que je lui ferrai vivement. Il me crut fur ma parole, » & fut foulagé pendant deux heures. A cette époque, il m'arrêta » dans la rue, pour me dire que fa douleur étoit revenue. Cet effet » eft, ce me femble, le même que celui que produit le Dentifte » fur le moral de ceux qui vont chez lui pour fe faire tirer une dent ».

« Dernièrement encore, étant au parloir dans un Couvent, rue » du Colombier, F. S. G. une jeune Dame me dit: vous allez donc » chez M. Mefiner! Oui, lui dis-je; & à travers la grille je puis » vous magnétifer. En même temps je lui préfentai le doigt; elle » s'effraya, fe trouva faifie, & me pria en grâce de ceffer. Elle étoit » tellement émue, que fi j'euffe infifté davantage, elle feroit tombée infailliblement en convulfions ».

M. Sigault a raconté qu'il avoit éprouvé lui-même le pouvoir de l'imagination. Un jour qu'il étoit queftion de le magnétifer pour le convaincre, il fentit, au moment qu'on fe détermina à le toucher, un refferrement de poitrine & des palpitations. Mais s'étant bientôt raffuré, on employa vainement tous les geftes & tous les procédés du magnétifme, qui ne firent aucune impreffion fur lui.

conclu qu'elle entre néceffairement pour beaucoup dans les effets attribués au Magnétifme animal. Mais il faut convenir que la pratique du Magnétifme produit dans le corps animé, des changemens plus marqués & des déran- gemens plus confidérables que ceux qui viennent d'être rapportés. Aucun des fujets qui ont cru être magnétifés jufqu'ici, n'ont été ébranlés jufqu'à avoir des convul- fions; c'étoit donc un nouvel objet d'expérience, que d'éprouver fi en remuant feulement l'imagination, on pourroit produire des crifes femblables à celles qui ont lieu au traitement public.

Alors plufieurs expériences ont été déterminées par cette vue. Lorfqu'un arbre a été touché fuivant les principes & la méthode du Magnétifme, toute perfonne qui s'y arrête doit éprouver plus ou moins les effets de cet agent; il en eft même qui y perdent connoiffance ou qui y éprouvent des convulfions. On en parla à M. Deflon, qui répondit que l'expérience devoit réuffir pourvu que le fujet fût fort fenfible, & on convint avec lui de la faire à Paffy en préfence de M. Franklin. La néceffité que le fujet fût fenfible, fit penfer aux Commif- faires que pour rendre l'expérience décifive & fans replique, il falloit qu'elle fût faite fur une perfonne choifie par M. Deflon, & dont il auroit éprouvé d'avance la fenfibilité au Magnétifme. M. Deflon a donc amené avec lui un jeune homme d'environ douze ans; on a marqué dans le verger du jardin, un abricotier bien ifolé, & propre à conferver le Magnétifme qu'on lui auroit imprimé. On y a mené M. Deflon feul, pour qu'il le magnétifât, le

On fe propofe d'éprouver fi l'imagination dans fes effets, peut aller jufqu'à produire des crifes.

Septième expérience fur un arbre magnétifé.

E ij

jeune homme étant resté dans la maison & avec une
personne qui ne l'a pas quitté. On auroit desiré que
M. Deflon ne fût pas présent à l'expérience, mais il a
déclaré qu'elle pourroit manquer s'il ne dirigeoit pas sa
canne & ses regards sur cet arbre pour en augmenter
l'action. On a pris le parti d'éloigner M. Deflon le plus
possible & de placer des Commissaires entre lui & le
jeune homme, afin de s'assurer qu'il ne feroit point de
signal, & de pouvoir répondre qu'il n'y avoit point eu
d'intelligence. Ces précautions, dans une expérience qui
doit être authentique, sont indispensables sans être
offensantes.

On a ensuite amené le jeune homme, les yeux
bandés, & on l'a présenté successivement à quatre
arbres, qui n'étoient point magnétisés en les lui faisant
embrasser, chacun pendant deux minutes, suivant ce qui
avoit été réglé par M. Deflon lui-même.

M. Deflon présent & à une assez grande distance,
dirigeoit sa canne sur l'arbre réellement magnétisé.

Au premier arbre, le jeune homme interrogé au bout
d'une minute, a déclaré qu'il suoit à grosses gouttes;
il a toussé, craché, & il a dit sentir une petite douleur
sur la tête; la distance à l'arbre magnétisé étoit environ
de vingt-sept pieds.

Au second arbre, il se sent étourdi, même douleur
sur la tête; la distance étoit de trente-six pieds.

Au troisième arbre, l'étourdissement redouble ainsi
que le mal de tête; il dit qu'il croit approcher de l'arbre
magnétisé; il en étoit alors environ à trente-huit pieds.

Enfin au quatrième arbre non magnétifé, & à vingt-quatre pieds environ de diftance de l'arbre qui l'avoit été, le jeune homme eft tombé en crife; il a perdu connoiffance, fes membres fe font roidis, & on l'a porté fur un gazon voifin, où M. Deflon lui a donné des fecours & l'a fait revenir.

Le malade tombe en crife fous un arbre qui n'eft pas magnétifé.

Le réfultat de cette expérience eft entièrement contraire au Magnétifme. M. Deflon a voulu expliquer le fait, en difant que tous les arbres font magnétifés par eux-mêmes, & que leur Magnétifme étoit d'ailleurs renforcé par fa préfence. Mais alors une perfonne fenfible au Magnétifme, ne pourroit hafarder d'aller dans un jardin fans rifquer d'avoir des convulfions; cette affertion feroit démentie par l'expérience de tous les jours. La préfence de M. Deflon n'a rien fait de plus que ce qu'elle a fait dans le carroffe où le jeune homme eft venu avec lui, placé vis-à-vis de lui, & où il n'a rien éprouvé. Si le jeune homme n'eût rien fenti, même fous l'arbre magnétifé, on auroit pu dire qu'il n'étoit pas affez fenfible, du moins ce jour-là: mais le jeune homme eft tombé en crife fous un arbre qui n'étoit pas magnétifé; c'eft par conféquent un effet qui n'a point de caufe phyfique, de caufe extérieure, & qui n'en peut avoir d'autre que l'imagination. L'expérience eft donc tout-à-fait concluante: le jeune homme favoit qu'on le menoit à l'arbre magnétifé, fon imagination s'eft frappée, fucceffivement exaltée, & au quatrième arbre elle a été montée au degré néceffaire pour produire la crife.

L'imagination a donc produit cette crife.

D'autres expériences viennent à l'appui de celle-ci, &

fourniffent le même réfulat. Un jour que les Commiffaires
fe font tous réunis à Paffy chez M. Franklin, & avec
M. Deflon, ils avoient prié ce dernier d'amener avec lui
des malades, & de choifir dans le traitement des pauvres,
ceux qui feroient le plus fenfibles au Magnétifme.
M. Deflon a amené deux femmes; & tandis qu'il étoit
occupé à magnétifer M. Franklin & plufieurs perfonnes
dans un autre appartement, on a féparé ces deux femmes,
& on les a placées dans deux pièces différentes.

Huitième
expérience
qui donne le
même
réfultat. Une
femme qui
croit être
magnétifée,
tombe
en crife.

L'une la femme P**, a des taies fur les yeux; mais
comme elle voit toujours un peu, on lui a cependant
couvert les yeux du bandeau décrit ci-deffus. On lui a
perfuadé qu'on avoit amené M. Deflon pour la magnétifer: le filence étoit recommandé, trois Commiffaires
étoient préfens, l'un pour interroger, l'autre pour écrire,
le troifième pour repréfenter M. Deflon. On a eu l'air
d'adreffer la parole à M. Deflon, en le priant de commencer, mais on n'a point magnétifé la femme; les trois
Commiffaires font reftés tranquilles, occupés feulement à
obferver ce qui alloit fe paffer. Au bout de trois minutes
la malade a commencé à fentir un friffon nerveux; puis
fucceffivement elle a fenti une douleur derrière la tête,
dans les bras, un fourmillement dans les mains, c'eft fon
expreffion; elle fe roidiffoit, frappoit dans fes mains, fe
levoit de fon fiége, frappoit des pieds: la crife a été
bien caractérifée. Deux autres Commiffaires placés dans
la pièce à côté, la porte fermée, ont entendu les batte-
mens de pieds & de mains, & fans rien voir ont été les
témoins de cette fcène bruyante.

Ces deux Commiſſaires étoient avec l'autre malade, la D.^{lle} B**, attaquée de maux de nerfs. On lui a laiſſé la vue libre & les yeux découverts; on l'a aſſiſe devant une porte fermée, en lui perſuadant que M. Deſlon étoit de l'autre côté, occupé à la magnétiſer. Il y avoit à peine une minute qu'elle étoit aſſiſe devant cette porte, quand elle a commencé à ſentir du friſſon; après une autre minute, elle a eu un claquement de dents, & cependant une chaleur générale; enfin après une troi-ſième minute, elle eſt tombée tout-à-fait en criſe. La reſpiration étoit précipitée, elle étendoit les deux bras derrière le dos, en les tordant fortement, & en pen-chant le corps en devant: il y a eu tremblement général de tout le corps; le claquement de dents eſt devenu ſi bruyant, qu'il pouvoit être entendu de dehors; elle s'eſt mordu la main & aſſez fort, pour que les dents ſoient reſté marquées.

Neuvième expérience qui donne le même réſultat. Une femme qui croit être magnétiſée à travers une porte, tombe en criſe.

Il eſt bon d'obſerver qu'on n'a touché en aucune manière ces deux malades; on ne leur a pas même tâté le pouls, afin qu'on ne pût pas dire qu'on leur avoit communiqué le Magnétiſme, & cependant les criſes ont été complètes. Les Commiſſaires qui ont voulu con-noître l'effet du travail de l'imagination, & apprécier la part qu'elle pouvoit avoir aux criſes du Magnétiſme, ont obtenu tout ce qu'ils deſiroient. Il eſt impoſſible de voir l'effet de ce travail, plus à découvert & d'une manière plus évidente, que dans ces deux expériences. Si les malades ont déclaré que leurs criſes ſont plus fortes au traitement, c'eſt que l'ébranlement des nerfs ſe

communique , & qu'en général toute émotion propre
& individuelle, eft augmentée par le fpectacle d'émotions
femblables.

On a eu occafion d'éprouver une feconde fois la
femme P**, & de reconnoître combien elle étoit domi-
née par fon imagination. On vouloit faire l'expérience de
la taffe magnétifée : cette expérience confifte à choifir
dans un nombre de taffes, une taffe que l'on magnétife.
On les préfente fucceffivement à un malade fenfible au
Magnétifme; il doit tomber en crife, ou du moins éprouver
des effets fenfibles lorfqu'on lui préfente la taffe magnétifée , il doit être indifférent à toutes celles qui ne le font
pas. Il faut feulement, comme l'a recommandé M. Deflon,
les lui préfenter à pôle direct, afin que celui qui tient la
taffe ne magnétife pas le malade, & qu'on ne puiffe avoir
d'autre effet que celui du Magnétifme de la taffe.

La femme P** a été mandée à l'Arfenal chez M.
Lavoifier où étoit M. Deflon; elle a commencé par
tomber en crife dans l'antichambre, avant d'avoir vu ni
les Commiffaires ni M. Deflon ; mais elle favoit qu'elle
devoit le voir, & c'eft un effet bien marqué de l'imagination.

Dixième
expérience
de la taffe
magnétifée;
même
réfultat. Lorfque la crife a été calmée , on a amené la femme
dans le lieu de l'expérience. On lui a préfenté plufieurs
taffes de porcelaine qui n'étoient point magnétifées ; la
feconde taffe a commencé à l'émouvoir , & à la quatrième
elle eft tombée tout-à-fait en crife. On peut répondre
que fon état actuel étoit un état de crife, qui avoit commencé dès l'antichambre & qui fe renouveloit de
lui-même;

lui-même ; mais ce qui eſt déciſif, c'eſt qu'ayant demandé à boire, on lui en a donné dans la taſſe magnétiſée par M. Deſlon lui-même ; elle a bu tranquillement & a dit qu'elle étoit bien ſoulagée. La taſſe & le Magnétiſme ont donc manqué leur effet, puiſque la criſe a été calmée au lieu d'être augmentée.

Quelque temps après, pendant que M. Majault exa- Onzième
expérience
avec
cette taſſe ;
même
réſultat.minoit les taies qu'elle a ſur les yeux, on lui a préſenté derrière la tête la taſſe magnétiſée, & cela pendant douze minutes ; elle ne s'en eſt point aperçue & n'a éprouvé aucun effet, elle n'a même dans aucun moment été plus tranquille, parce que ſon imagination étoit diſtraite, & occupée de l'examen qu'on faiſoit de ſes yeux.

On a raconté aux Commiſſaires que cette femme étant Effet marqué
de
l'imagination
& de la
prévention.ſeule dans l'antichambre, différentes perſonnes étrangères au Magnétiſme s'étoient approchées d'elle, & que les mouvemens convulſifs avoient recommencé. On lui a fait obſerver qu'on ne la magnétiſoit pas ; mais ſon imagina- tion étoit tellement frappée, qu'elle a répondu : ſi vous ne me faiſiez rien je ne ſerois pas dans l'état où je ſuis. Elle ſavoit qu'elle étoit venue pour être ſoumiſe à des expériences ; l'approche de quelqu'un, le moindre bruit attiroit ſon attention, réveilloit l'idée du Magné- tiſme, & renouveloit les convulſions.

L'imagination pour agir puiſſamment a ſouvent beſoin que l'on touche pluſieurs cordes à la fois. L'imagination répond à tous les ſens ; ſa réaction doit être propor- tionnée & au nombre de ſens qui l'ébranlent, & à celui des ſenſations reçues : c'eſt ce que les Commiſſaires ont

F

reconnu par une expérience dont ils vont rendre compte.

M. Jumelin leur avoit parlé d'une demoifelle, âgée de 20 ans, à qui il a fait perdre la parole par le pouvoir du Magnétifme ; les Commiffaires ont répété cette expérience chez lui, la demoifelle a confenti à s'y prêter & à fe laiffer bander les yeux.

On a d'abord tâché d'obtenir le même effet fans la magnétifer ; mais quoiqu'elle ait fenti ou cru fentir des effets du Magnétifme, on n'a pu parvenir à frapper affez fon imagination pour que l'expérience réufsît. Quand on l'a magnétifée réellement, en lui laiffant les yeux bandés, on n'a pas eu plus de fuccès. On lui a débandé les yeux ; alors l'imagination a été ébranlée à la fois par la vue & par l'ouïe, les effets ont été plus marqués ; mais quoique la tête commençât à s'appefantir, quoiqu'elle fentît de l'embarras à la racine du nez, & une grande partie des fymptômes qu'elle avoit éprouvés la première fois, cependant la parole ne fe perdoit pas. Elle a obfervé elle-même qu'il falloit que la main qui la magnétifoit au front, defcendît vis-à-vis du nez, fe fouvenant que la main étoit ainfi placée lorfqu'elle a perdu la voix. On a fait ce qu'elle demandoit, & en trois quarts de minute, elle eft devenue muette ; on n'entendoit plus que quelques fons inarticulés & fourds, malgré les efforts vifibles du gofier pour pouffer le fon, & ceux de la langue & des lèvres pour l'articuler. Cet état a duré feulement une minute : on voit que fe trouvant précifément dans les mêmes circonftances, la féduction de l'efprit & fon effet fur les organes de la

voix ont été les mêmes. Mais ce n'étoit pas affez que
la parole l'avertît qu'elle étoit magnétifée, il a fallu que
la vue lui portât un témoignage plus fort & plus capable
d'ébranler, il a fallu encore qu'un gefte déjà connu,
réveillât fes idées. Il femble que cette Expérience montre
merveilleufement comment l'imagination agit, fe monte
par degrés & a befoin de plus de fecours extérieurs
pour être plus efficacement ébranlée.

Ce pouvoir de la vue fur l'imagination explique les
effets que la doctrine du Magnétifme attribue au regard.
Le regard a éminemment la puiffance de magnétifer; les
fignes, les geftes employés ne font communément rien,
a-t-on dit aux Commiffaires, que fur un fujet dont on
s'eft précédemment emparé, en lui jetant un regard.
La raifon en eft fimple; c'eft dans les yeux, où font
dépofés les traits les plus expreffifs des paffions, c'eft-là
que fe déploie tout ce que le caractère a de plus impofant & de plus féducteur. Les yeux doivent donc avoir
un grand pouvoir fur nous; mais ils n'ont ce pouvoir
que parce qu'ils ébranlent l'imagination, & d'une manière ou plus ou moins exagérée fuivant la force de cette
imagination. C'eft donc au regard à commencer tout
l'ouvrage du Magnétifme; & l'effet en eft fi puiffant, il
a des traces fi profondes, qu'une femme nouvellement
arrivée chez M. Deflon, ayant rencontré en fortant de
crife, les regards d'un de fes Difciples qui la magnétifoit, le fixa pendant trois quarts d'heure. Elle a été
long-temps pourfuivie par ce regard; elle voyoit toujours
devant elle ce même œil attaché à la regarder; & elle

Le regard fert à frapper l'imagination.

Treizième expérience, qui prouve cet effet du regard.

F ij

l'a porté conſtamment dans ſon imagination pendant trois jours, dans le ſommeil comme dans la veille. On voit tout ce que peut produire une imagination capable de conſerver ſi long-temps la même impreſſion, c'eſt-à-dire, de renouveler elle-même & par ſa propre puiſſance, la même ſenſation pendant trois jours.

Ces expériences ſont uniformes & déciſives; elles prouvent que l'imagination ſuffit pour produire les effets attribués au Magnétiſme.

Les expériences qu'on vient de rapporter ſont uniformes & ſont également déciſives; elles autoriſent à conclure que l'imagination eſt la véritable cauſe des effets attribués au Magnétiſme. Mais les Partiſans de ce nouvel agent, répondront peut-être que l'identité des effets ne prouve pas toujours l'identité des cauſes. Ils accorderont que l'imagination peut exciter ces impreſſions ſans Magnétiſme; mais ils ſoutiendront que le Magnétiſme peut auſſi les exciter ſans elle. Les Commiſſaires détruiroient facilement cette aſſertion par le raiſonnement & par les principes de la Phyſique: le premier de tous eſt de ne point admettre de nouvelles cauſes, ſans une néceſſité abſolue. Lorſque les effets obſervés peuvent avoir été produits par une cauſe exiſtante, & que d'autres phénomènes ont déjà manifeſtée, la ſaine phyſique enſeigne que les effets obſervés doivent lui être attribués; & lorſqu'on annonce avoir découvert une cauſe juſqu'alors inconnue, la ſaine phyſique exige également qu'elle ſoit établie, démontrée par des effets qui n'appartiennent à aucune cauſe connue, & qui ne puiſſent être expliqués que par la cauſe nouvelle. Ce ſeroit donc aux Partiſans du Magnétiſme à préſenter d'autres preuves, & à chercher des effets qui fuſſent entièrement dépouillés des illufions de l'imagination. Mais comme les faits font plus démonftratifs que le raifonnement, & ont une évidence qui frappe davantage, les Commiffaires ont voulu éprouver par l'expérience, ce que féroit le Magnétifme lorfque l'imagination n'agiroit pas.

On a difpofé dans un appartement deux pièces con-tiguës, & unies par une porte de communication. On avoit enlevé la porte & on lui avoit fubftitué un chaffis, couvert & tendu d'un double papier. Dans l'une de ces pièces étoit un des Commiffaires pour écrire tout ce qui fe pafferoit, & une Dame annoncée pour être de Pro-vince, & pour avoir du linge à faire travailler. On avoit mandé la D.lle B**, Ouvrière en linge, déjà employée dans les expériences de Paffy, & dont on connoiffoit la fenfibilité au Magnétifme. Lorfqu'elle eft arrivée tout étoit arrangé de manière qu'il n'y avoit qu'un feul fiége où elle pût s'affeoir, & ce fiége étoit placé dans l'embra-fure de la porte de communication où elle s'eft trouvée comme dans une niche.

Quatorzième expérience, qui prouve que le Magnétifme ne produit rien fans l'imagination.

Les Commiffaires étoient dans l'autre pièce, & l'un d'eux, Médecin, exercé à magnétifer, & ayant déjà produit des effets, a été chargé de magnétifer la D.lle B** à travers le chaffis de papier. C'eft un principe de la théorie du Magnétifme, que cet agent paffe à travers les portes de bois, les murs, &c. Un chaffis de papier ne pouvoit lui faire obftacle; d'ailleurs M. Deflon a établi pofitivement que le Magnétifme paffe à travers le papier; & la D.lle B** étoit magnétifée comme fi elle eût été à découvert & en fa préfence.

Elle l'a été en effet, pendant une demi-heure, à un pied & demi de diftance à pôles oppofés, en fuivant toutes les règles enfeignées par M. Deflon, & que les Commiffaires ont vu pratiquer chez lui. Pendant tout ce temps, la D.^{lle} B** a fait gaiement la converfation ; interrogée fur fa fanté elle a répondu librement qu'elle fe portoit fort bien : à Paffy elle eft tombée en crife au bout de trois minutes ; ici elle a fupporté le Magné-tifme fans aucun effet pendant trente minutes. C'eft qu'ici elle ignoroit être magnétifée, & qu'à Paffy elle croyoit l'être. On voit donc que l'imagination feule produit tous les effets attribués au Magnétifme ; & lorfque l'imagina-tion n'agit pas, l n'y a plus d'effets.

Quinzième expérience, qui prouve que l'imagination agit pour produire des crifes.

On ne peut faire qu'une objeftion à cette Expérience ; c'eft que la D.^{lle} B** pouvoit être mal difpofée, & fe trouver moins fenfible dans ce moment au Magnétifme. Les Commiffaires ont prévu l'objeftion & ont fait en conféquence l'Expérience fuivante. Auffi-tôt qu'on a ceffé de magnétifer à travers le papier, le même Médecin-commiffaire a paffé dans l'autre pièce ; il lui a été facile d'engager la D.^{lle} B** à fe laiffer magnétifer. Alors il a commencé à la magnétifer, en obfervant comme dans l'Expérience précédente, de fe tenir à un pied & demi de diftance, de n'employer que des geftes, & les mouvemens du doigt index & de la baguette de fer, car s'il eût appliqué les mains & touché les hypo-condres, on auroit pu dire que le Magnétifme avoit agi par cette application plus immédiate. La feule différence qu'il y a eu entre ces deux Expériences, c'eft que dans la première, il a magnétifé à pôles oppofés en fuivant les règles, au lieu que dans la feconde, il a magnétifé à pôles directs & à contre-fens. En agiffant ainfi, on ne devoit produire aucun effet, fuivant la théorie du Magnétifme.

Cependant après trois minutes, la D.^{lle} B** a fenti un mal-aife, de l'étouffement; il eft furvenu fucceffi-vement un hoquet entre-coupé, un claquement de dents, un ferrement à la gorge, un grand mal de tête; elle s'eft agitée avec inquiétude fur fa chaife; elle s'eft plainte des reins; elle frappoit quelquefois preftement de fon pied fur le parquet; puis elle étendoit fes bras derrière le dos, en les tordant fortement comme à Paffy; en un mot la crife convulfive a été complète & parfaitement caracté-rifée. Elle a eu tous ces accidens en douze minutes, tandis que le même traitement employé pendant trente minutes l'a trouvée infenfible. Il n'y a de plus ici que l'imagination, c'eft donc à elle que ces effets appartiennent.

Si l'imagination a fait commencer la crife, c'eft encore l'imagination qui l'a fait ceffer. Le Commiffaire qui la magnétifoit a dit qu'il étoit temps de finir; il lui a préfenté fes deux doigts index en croix; & il eft bon d'obferver que par-là il la magnétifoit à pôles directs comme il avoit fait jufqu'alors; il n'y avoit donc rien de changé, le même traitement devoit continuer les mêmes impreffions. Mais l'intention a fuffi pour calmer la crife; la chaleur & le mal de tête fe font diffipés. On a toujours pourfuivi le mal de place en place, en

Seizième expérience, qui prouve que l'imagination agit également pour faire ceffer les crifes.

annonçant qu'il alloit difparoître. C'eft ainfi qu'à la voix qui commandoit à l'imagination, la douleur du cou a ceffé, puis fucceffivement les accidens à la poitrine, à l'eftomac & aux bras. Il n'a fallu que trois minutes; après lefquelles la D.^{lle} B** a déclaré ne plus rien fentir & être abfolument dans fon état naturel.

L'imagination fait tout, le Magnétifme eft nul....

Ces dernières expériences ainfi que plufieurs de celles qui ont été faites chez M. Jumelin, ont le double avantage de démontrer à la fois, & la puiffance de l'imagination & la nullité du Magnétifme dans les effets produits.

Concours de plufieurs caufes pour augmenter les crifes au traitement public.

Si les effets font encore plus marqués, fi les crifes femblent plus violentes au traitement public, c'eft que plufieurs caufes fe joignent à l'imagination pour opérer avec elle, pour multiplier & pour agrandir fes effets. On commence par le regard à s'emparer des efprits; l'attouchement, l'application des mains fuit bientôt; & il convient d'en développer ici les effets phyfiques.

Effets de l'attouchem.^t & de la preffion.

Ces effets font plus ou moins confidérables: les moindres font des hoquets, des foulèvemens d'eftomac, des purgations; les plus confidérables font les convulfions que l'on nomme *crifes*. L'endroit où l'attouchement fe porte eft aux hypocondres, au creux de l'eftomac, & quelquefois fur les ovaires, quand ce font des femmes que l'on touche. Les mains, les doigts preffent, & compriment plus ou moins ces différentes régions.

Sur le colon.

Le colon, un de nos gros inteftins, parcourt les deux régions des hypocondres & la région épigaftrique qui les fépare. Il eft placé immédiatement fous les tégumens. C'eft donc fur cet inteftin que l'attouchement fe porte,

fur

fur cet inteftin fenfible & très-irritable. Le mouvement
feul, le mouvement répété fans autre agent, excite l'action
mufculaire de l'inteftin & procure quelquefois des évacua-
tions. La Nature femble indiquer comme par inftinct cette
manœuvre aux hypocondriaques. La pratique du Magnétifme n'eft que cette manœuvre même; & les purgations
qu'elle peut produire font encore facilitées dans le traitement magnétique, par l'ufage fréquent & prefque habituel
d'un vrai purgatif, la crême de tartre en boiffon.

Mais lorfque le mouvement excite principalement
l'irritabilité du colon, cet inteftin offre d'autres phénomènes. Il fe gonfle plus ou moins, & prend quelquefois
un volume confidérable. Alors il communique au diaphragme une telle irritation, que cet organe entre plus
ou moins en convulfion, & c'eft ce qu'on appelle *crife*
dans le traitement du Magnétifme animal. Un des Commiffaires a vu une femme fujette à une efpèce de vomif-
fement fpafmodique, répété plufieurs fois chaque jour.
Les efforts ne produifoient qu'une eau trouble & vifqueufe, femblable à celle que jettent les malades en crife
dans la pratique du Magnétifme. La convulfion avoit fon
fiége dans le diaphragme; & la région du colon étoit fi
fenfible, que le plus léger attouchement fur cette partie,
une forte commotion de l'air, la furprife caufée par un
bruit imprévu, fuffifoient pour exciter la convulfion. Cette
femme avoit donc des crifes fans Magnétifme par la feule
irritabilité du colon & du diaphragme, & les femmes qui
font magnétifées ont leurs crifes par la même caufe &
par cette irritabilité.

G

L'application des mains sur l'estomac a des effets phy-
siques également remarquables. L'application se fait directement sur cet organe. On y opère tantôt une compression
forte & continue, tantôt des compressions légères &
réitérées, quelquefois un frémissement par un mouvement
de rotation de la baguette de fer, appliquée sur cette partie ;
enfin en y passant successivement & rapidement les pouces
l'un après l'autre. Ces manœuvres portent promptement
à l'estomac un agacement plus ou moins fort & plus ou
moins durable, selon que le sujet est plus ou moins sensible
& irritable. On prépare, on dispose l'estomac à cet agacement en le comprimant préalablement. Cette compression le met dans le cas d'agir sur le diaphragme, & de
lui communiquer les impressions qu'il reçoit. Il ne peut
s'irriter que le diaphragme ne s'irrite, & de-là résultent
comme par l'action du colon, les accidens nerveux dont
on vient de parler.

Chez les femmes sensibles, si l'on vient à comprimer
simplement les deux hypocondres sans aucun autre mouvement, l'estomac se trouve serré, & ces femmes
tombent en foiblesse. C'est ce qui est arrivé à la femme
magnétisée par M. Jumelin ; & ce qui arrive souvent sans
autre cause lorsque les femmes sont trop serrées dans
leurs vêtemens. Il n'y a point de crise alors, parce que
l'estomac est comprimé sans être agacé, & que le diaphragme reste dans son état naturel. Ces mêmes manœuvres pratiquées chez les femmes sur les ovaires,
outre les effets qui leur sont particuliers, produisent
bien plus puissamment encore les mêmes accidens. On

connoît l'influence & l'empire de l'utérus fur l'économie animale.

Le rapport intime de l'inteftin colon, de l'eftomac & de l'utérus avec le diaphragme eft une des caufes des effets attribués au Magnétifme. Les régions du bas-ventre, foumifes aux différens attouchemens, répondent à différens plexus qui y conftituent un véritable centre nerveux, au moyen duquel, abftraction faite de tout fyftème, il exifte très-certainement une fimpathie, une communication, une correfpondance entre toutes les parties du corps, une action & une réaction telles que les fenfations excitées dans ce centre, ébranlent les autres parties du corps ; & que réciproquement une fenfation éprouvée dans une partie ébranle & met en jeu le centre nerveux, qui fouvent tranfmet cette impreffion à toutes les autres parties.

Centre nerveux qui établit une correfpondance générale.

Ceci explique non-feulement les effets de l'attouchement magnétique, mais encore les effets phyfiques de l'imagination. On a toujours obfervé que les affections de l'ame portent leur première impreffion fur ce centre nerveux, ce qui fait dire communément qu'on a un poids fur l'eftomac & qu'on fe fent fuffoqué. Le diaphragme entre en jeu, d'où les foupirs, les pleurs, les ris. On éprouve alors une réaction fur les vifcères du bas-ventre ; & c'eft ainfi que l'on peut rendre raifon des défordres phyfiques produits par l'imagination. Le faififfement occafionne la colique, la frayeur caufe la diarrhée, le chagrin donne la jauniffe. L'hiftoire de la Médecine renferme une infinité d'exemples du pouvoir

Effets de l'imagination fur ce centre nerveux.

G ij

de l'imagination & des affections de l'ame. La crainte du feu, un defir violent, une efpérance ferme & foutenue, un accès de colère rendent l'ufage des jambes à un goutteux perclus, à un paralitique ; une joie vive & inopinée diffipe une fièvre quarte de deux mois ; üne forte attention arrête le hoquet ; des muets par accident, recouvrent la parole à la fuite d'une vive émotion de l'ame. L'hiftoire montre que cette émotion fuffit pour faire recouvrer la parole, & les Commiffaires ont vu que l'imagination frappée avoit fuffi pour en fufpendre l'ufage. L'action & la réaction du phyfique fur le moral, & du moral fur le phyfique font démontrées depuis que l'on obferve en Médecine, c'eft-à-dire, depuis fon origine.

Les crifes naiffent & de l'attouchement & de l'imagination.

Les pleurs, les ris, la toux, les hoquets, & en général tous les effets obfervés dans ce qu'on appelle les crifes du traitement public, naiffent donc, ou de ce que les fonctions du diaphragme font troublées par un moyen phyfique, tel que l'attouchement & la preffion ; ou de la puiffance dont l'imagination eft douée pour agir fur cet organe & pour troubler fes fonctions.

L'imagination déploie fes effets plus en grand dans les traitemens publics, parce que les impreffions & les mouvemens fe communiquent.

Si l'on objectoit que l'attouchement n'eft pas toujours néceffaire à ces effets, on répondroit que l'imagination peut avoir affez de reffources pour produire tout par elle-même ; fur-tout l'imagination agiffant dans un traitement public, doublement excitée alors par fon propre mouvement & par celui des imaginations qui l'environnent. On a vu ce qu'elle produit dans les Expériences faites par les Commiffaires fur des fujets ifolés ; on peut juger de fes effets multipliés fur des malades réunis dans

le traitement public. Ces malades y font raffemblés dans
un lieu ferré, relativement à leur nombre : l'air y eft
chaud, quoiqu'on ait foin de le renouveler ; & il eft
toujours plus ou moins chargé de gas méphitique dont
l'action fe porte particulièrement à la tête & fur le
genre nerveux. S'il y a de la mufique, c'eft un moyen
de plus pour agir fur les nerfs & pour les émouvoir.

Plufieurs femmes font magnétifées à la fois & n'éprouvent
d'abord que des effets femblables à ceux que les Commiffaires ont obtenus dans plufieurs de leurs Expériences. Ils
ont reconnu que même au traitement, ce n'eft le plus fouvent
qu'au bout de deux heures que les crifes commencent. Peu
à peu les impreffions fe communiquent & fe renforcent,
comme on le remarque aux repréfentations théâtrales, où les
impreffions font plus grandes lorfqu'il y a beaucoup de
fpectateurs, & fur-tout dans les lieux où l'on a la liberté
d'applaudir. Ce figne des émotions particulières établit
une émotion générale que chacun partage au degré dont
il eft fufceptible. C'eft ce qu'on obferve encore dans les
armées un jour de bataille, où l'enthoufiafme du courage
comme les terreurs paniques fe propagent avec tant de rapidité. Le fon du tambour & de la mufique militaire, le bruit
du canon, la moufqueterie, les cris, le défordre ébranlent
les organes, donnent aux efprits le même mouvement,
& montent les imaginations au même degré. Dans cette
unité d'ivreffe une impreffion manifeftée, devient univerfelle ; elle encourage à charger, ou elle détermine
à fuir. La même caufe fait naître les révoltes ; l'imagination gouverne la multitude : les hommes réunis en

Effets de l'imagination & de l'imitation dans les affemblées nombreufes, nombre, font plus foumis à leurs fens, la raifon a moins d'empire fur eux ; & lorfque le fanatifme préfide à ces affemblées , il produit les Trembleurs des Cevennes *(e)*.

(*e*) M. le Maréchal de Villars, qui termina les troubles des Cevennes, dit : « j'ai vu dans ce genre, des chofes que je n'aurois » pas crues, fi elles ne s'étoient point paffées fous mes yeux ; une » Ville entière , dont toutes les femmes & les filles, fans exception , » paroiffoient poffédées du Diable. Elles trembloient & prophéti- » foient publiquement dans les rues. . , Une eut la hardieffe de trembler, » & de prophétifer pendant une heure devant moi. Mais, de toutes » ces folies, la plus furprenante fut celle que me raconta M. » l'Evêque d'Alais, & que je mandai à M. de Chamillard, en ces » termes.

« Un Monfieur de Mandagors, Seigneur de la terre de ce nom, » Maire d'Alais, poffédant les premières charges dans la Ville & » dans le Comté, ayant d'ailleurs été quelque temps Subdélégué » de M. de Bâville, vient de faire une chofe extraordinaire. C'eft » un homme de foixante ans, fage par fes mœurs, de beaucoup » d'efprit, ayant compofé & fait imprimer plufieurs Ouvrages. » J'en ai lû quelques-uns , mais dans lefquels, avant que de favoir » ce que je viens d'apprendre de lui, j'ai trouvé une imagination » bien vive.

» Une Prophéteffe, âgée de 27 à 28 ans , fut arrêtée, il y a » environ dix-huit mois, & menée devant M. d'Alais. Il l'interrogea » en préfence de plufieurs Eccléfiaftiques. Cette créature, après » l'avoir écouté, lui répond d'un air modefte , & l'exhorte à ne plus » tourmenter les vrais Enfans de Dieu, & puis lui parle pendant une » heure de fuite une langue étrangère à laquelle il ne comprit pas » un mot ; comme nous avons vu le Duc de la Ferté autrefois, » quand il avoit un peu bu, parler Anglois devant des Anglois. J'en » ai vu dire, j'entends bien qu'il parle Anglois, mais je ne com- » prends pas un mot de ce qu'il dit. Cela eût été difficile auffi à » comprendre, car jamais il n'avoit fu un mot d'Anglois. Cette fille » parloit Grec, Hébreu de même.

C'eft pour arrêter ce mouvement fi facilement communiqué aux efprits que dans les villes féditieufes on défend

Vous croyez bien que M. d'Alais fit enfermer la Prophéteffe. «
Après plufieurs mois, cette fille paroiffant revenue de fes égare- «
mens par les foins & avis du fieur de Mandagors, qui la fréquentoit, «
on la laiffa en liberté ; & de cette liberté, & de celle que le fieur «
Mandagors prenoit avec elle, il en eft arrivé que cette Prophéteffe «
eft groffe. «
Mais le fait préfent eft que le fieur de Mandagors s'eft défait de «
toutes fes charges, les a remifes à fon fils, & a dit à quelques «
Particuliers & à M. l'Évêque lui-même, que c'étoit par le com- «
mandement de Dieu qu'il avoit connu cette Prophéteffe, & que «
l'enfant qui en naîtra fera le vrai Sauveur du Monde. De tout «
cela & en un autre Pays que celui-ci, l'on ne feroit autre chofe «
que d'envoyer M. le Maire & la Prophéteffe aux petites Maifons. «
M. l'Évêque m'a propofé de le faire arrêter. J'ai voulu auparavant «
en conférer avec M. de Bâville ; ordonnant cependant de l'obferver «
& la Prophéteffe auffi, de manière qu'ils ne puiffent s'échapper ; «
ma penfée étant qu'au milieu des fous, ce qui regarde un fou de «
cette importance, doit faire le moins de bruit qu'il eft poffible ; «
qu'il falloit par conféquent tâcher de le dépaïfer tout doucement, «
& s'en affurer enfuite. Car vous jugez bien que de déclarer publi- «
quement pour Prophète, un Maire d'Alais, un Seigneur de terres «
affez confidérables, ancien Subdélégué de l'Intendant, Auteur «
& jufqu'alors réputé fage, au milieu de gens qui font accoutumés «
à l'eftimer & à le refpecter, tout cela pourroit en pervertir plus «
qu'en corriger. D'autant plus que hors la folie de croire que Dieu «
lui a ordonné de connoître cette fille, il eft très-fage dans fes «
difcours, comme étoit Don Guichotte très-fage, hors quand il «
étoit queftion de Chevalerie. L'avis de M. de Bâville fut comme «
le mien, de ne pas brufquer. Ses enfans le menèrent fans éclat «
dans un de fes Châteaux, où on le retint, & la Prophéteffe fut «
renfermée ». *Vie du Maréchal Duc de Villars. Page 325 &* «
fuiv.

les attroupemens. Par-tout l'exemple agit fur le moral, l'imitation machinale met en jeu le phyfique : en ifolant les individus, on calme les efprits; en les féparant, on fait ceffer également les convulfions, toujours contagieufes de leur nature : on en a un exemple récent dans les jeunes filles de Saint-Roch, qui féparées ont été guéries des convulfions qu'elles avoient étant réunies *(f)*.

On retrouve donc le Magnétifme, ou plutôt l'imagination agiffant au fpectacle, à l'armée, dans les affemblées nombreufes comme au baquet, agiffant par des moyens différens, mais produifant des effets femblables. Le baquet eft entouré d'une foule de malades; les fenfations font continuellement communiquées & rendues;

(f) Le jour de la Cérémonie de la première communion, faite en la Paroiffe Saint-Roch, il y a quelques années (1780), après l'Office du foir, on fit, ainfi qu'il eft d'ufage, la Proceffion en dehors. A peine les enfans furent-ils rentrés à l'églife, & rendus à leurs places, qu'une jeune fille fe trouva mal, & eut des convulfions. Cette affection fe propagea avec une telle rapidité, que dans l'efpace d'une demi-heure, 50 ou 60 jeunes filles, de 12 à 19 ans, tombèrent dans les mêmes convulfions; c'eft-à-dire, ferrement à la gorge, gonflement à l'eftomac, l'étouffement, le hoquet & les convulfions plus ou moins fortes. Ces accidens reparurent à quelques-unes dans le courant de la femaine; mais le Dimanche fuivant, étant affemblées chez les Dames de Sainte-Anne, dont l'inftitution eft d'enfeigner les jeunes filles, douze retombèrent dans les mêmes convulfions, & il en feroit tombé davantage, fi on n'eût eu la précaution de renvoyer fur le champ, chaque enfant chez fes parens. On fut obligé de multiplier les écoles. En féparant ainfi les enfans, & ne les tenant affemblés qu'en petit nombre, trois femaines fuffirent pour diffiper entièrement cette affection convulfive épidémique. *Voyez* pour des exemples femblables, le Naturalifme des convulfions, par M. Hecquet.

les

les nerfs à la longue doivent se fatiguer de cet exercice, ils s'irritent & la femme la plus sensible donne le signal. Alors les cordes par-tout tendues au même degré & à l'unisson, se répondent, & les crises se multiplient ; elles se renforcent mutuellement, elles deviennent violentes. En même temps les hommes témoins de ces émotions, les partagent, à proportion de leur sensibilité nerveuse ; & ceux chez qui cette sensibilité est plus grande & plus mobile, tombent eux-mêmes en crise.

Cette grande mobilité en partie naturelle & en partie acquise, tant chez les hommes que chez les femmes, devient habitude. Ces sensations une ou plusieurs fois éprouvées, il ne s'agit plus que d'en rappeler le souvenir, de monter l'imagination au même degré pour opérer les mêmes effets. C'est ce qu'il est toujours facile de faire en plaçant le sujet dans les mêmes circonstances. Alors il n'est plus besoin du traitement public, on n'a qu'à toucher les hypocondres, promener le doigt & la baguette de fer devant le visage ; ces signes sont connus. Il n'est pas même nécessaire qu'ils soient employés, il suffit que les malades, les yeux bandés, croient que ces signes sont répétés sur eux, se persuadent qu'on les magnétise ; les idées se réveillent, les sensations se reproduisent, l'imagination employant ses moyens accoutumés, & reprenant les mêmes voies, fait reparoître les mêmes phénomènes. C'est ce qui arrive à des malades de M. Deslon, qui tombent en crise sans baquet, & sans être excités par le spectacle du traitement public.

Attouchement, imagination, imitation ; telles sont

H

Attouchem.¹, donc les vraies caufes des effets attribués à cet agent
imagination,
imitation, nouveau, connu fous le nom de *Magnétifme animal*, à
font les ce fluide que l'on dit circuler dans le corps & fe com-
vraies caufes
des effets muniquer d'individu à individu ; tel eft le réfultat des
attribués
au expériences des Commiffaires, & des obfervations qu'ils
Magnétifme.
ont faites fur les moyens employés, & fur les effets produits. Cet agent, ce fluide n'exifte pas, mais tout chimérique qu'il eft, l'idée n'en eft pas nouvelle. Quelques
auteurs, quelques Médecins du fiècle dernier en ont
expreffément traité dans plufieurs Ouvrages. Les recherches curieufes & intéreffantes de M. Thouret, prouvent
au Public que la théorie, les procédés, les effets du
Magnétifme animal, propofés dans le fiècle dernier, étoient
à peu-près femblables à ceux qu'on renouvelle dans
celui-ci. Le Magnétifme n'eft donc qu'une vieille erreur.
Cette théorie eft préfentée aujourd'hui avec un appareil
plus impofant, néceffaire dans un fiècle plus éclairé ; mais
elle n'en eft pas moins fauffe. L'homme faifit, quitte,
reprend l'erreur qui le flatte. Il eft des erreurs qui
feront éternellement chères à l'humanité. Combien l'Aftro-
logie n'a-t-elle pas reparu de fois fur la terre ! Le Magnétifme tendroit à nous y ramener. On a voulu le lier
aux influences céleftes, pour qu'il féduisît davantage &
qu'il attirât les hommes par les deux efpérances qui les
touchent le plus, celle de favoir leur avenir, & celle
de prolonger leurs jours.

L'imagination Il y a lieu de croire que l'imagination eft la principale
femble
la plus des trois caufes que l'on vient d'affigner au Magnétifme.
puiffante ; On a vu par les expériences citées qu'elle fuffit feule
l'attouchem.ᵗ

pour produire des crifes. La preffion, l'attouchement, semblent donc lui fervir de préparations; c'eft par l'attouchement que les nerfs commencent à s'ébranler, l'imitation communique & répand les impreffions. Mais l'imagination eft cette puiffance active & terrible qui opère les grands effets que l'on obferve avec étonnement dans le traitement public. Ces effets frappent les yeux de tout le monde, tandis que la caufe eft obfcure & cachée. Quand on confidère que ces effets ont féduit dans les fiècles derniers des hommes eftimables par leur mérite, par leurs connoiffances, & même par leur génie, tels que Paracelfe, Vanhelmont, Kirker, &c. on ne doit pas s'étonner fi aujourd'hui des perfonnes inftruites, éclairées, fi même un grand nombre de Médecins y ont été trompés. Les Commiffaires admis feulement au traitement public où l'on n'a ni le temps ni la facilité de faire des expériences décifives, auroient pu eux-mêmes être induits en erreur. Il faut avoir eu la liberté d'ifoler les effets pour en diftinguer les caufes; il faut avoir vu comme eux l'imagination agir, en quelque forte partiellement, produire fes effets féparés & en détail, pour concevoir l'accumulation de ces effets, pour favoir fe faire une idée de fa puiffance entière & fe rendre compte de fes prodiges. Mais cet examen demande un facrifice de temps, & un nombre de recherches fuivies qu'on n'a pas toujours le loifir d'entreprendre pour fon inftruction ou fa curiofité particulière, qu'on n'a pas même le droit de fuivre, à moins d'être comme les Commiffaires chargés des ordres du Roi, & honorés de la confiance publique.

fert à l'ébranler, & l'imitation répand fes impreffions.

M. Deflon
ne s'éloigne
pas de ces
principes, &
il croit utile
d'employer
le pouvoir de
l'imagination
dans
la pratique
de la
Médecine.

M. Deflon ne s'éloigne pas de ces principes. Il a déclaré dans le comité tenu chez M. Franklin le 19 juin, qu'il croyoit pouvoir poser en fait que l'imagination avoit la plus grande part dans les effets du Magnétifme animal ; il a dit que cet agent nouveau n'étoit peut-être que l'imagination elle-même, dont le pouvoir eft auffi puiffant qu'il eft peu connu : il affure avoir conftamment reconnu ce pouvoir dans le traitement de fes malades, & il affure également que plufieurs ont été ou guéris ou infiniment foulagés. Il a obfervé aux Commiffaires que l'imagination ainfi dirigée au foulagement de l'humanité fouffrante, feroit un grand bien dans la pratique de la Médecine (f) ; & perfuadé de cette vérité du pouvoir de l'imagination, il les a invités à en étudier chez lui la marche & les effets. Si M. Deflon eft encore attaché à la première idée que ces effets font dûs à l'action d'un fluide, qui fe communique d'individu à individu par l'attouchement ou par la direction d'un conducteur, il ne tardera pas à reconnoître avec les Commiffaires qu'il ne faut qu'une caufe pour un effet, & que puifque l'imagination fuffit, le fluide eft inutile. Sans doute nous fommes entourés d'un fluide qui nous appartient, la tranfpiration infenfible forme autour de nous une atmo-

_____

(f) M. Deflon avoit déjà dit en 1780. « Si M. Mefmer n'avoit » d'autre fecret que celui de faire agir l'imagination efficacement pour » la fanté, n'en auroit-il pas toujours un bien merveilleux ! Car fi la » Médecine d'imagination étoit la meilleure, pourquoi ne ferions- nous pas la Médecine d'imagination ! » *Obfervation fur le Magnétifme animal, pages 46 & 47.*

fphère de vapeurs également infenfibles ; mais ce fluide
n'agit que comme les atmofphères, ne peut fe communiquer qu'infiniment peu par l'attouchement, ne fe
dirige ni par des conducteurs, ni par le regard, ni par
l'intention, n'eft point propagé par le fon, ni réfléchi
par les glaces, & n'eft fufceptible dans aucun cas des
effets qu'on lui attribue.

Il refte à examiner fi les crifes ou les convulfions
produites par les procédés de ce prétendu Magnétifme,
dans les affemblées autour du baquet, peuvent être utiles,
& guérir ou foulager les malades. Sans doute l'imagination des malades influe fouvent beaucoup dans la cure
de leurs maladies. L'effet n'en eft connu que par une
expérience générale & n'a point été déterminé par des
expériences pofitives ; mais il ne femble pas qu'on en
puiffe douter. C'eft un adage connu que la foi fauve en
Médecine ; cette foi eft le produit de l'imagination : alors
l'imagination n'agit que par des moyens doux ; c'eft en
répandant le calme dans tous les fens, en rétabliffant
l'ordre dans les fonctions, en ranimant tout par l'efpérance. L'efpérance eft la vie de l'homme ; qui peut lui
rendre l'une contribue à lui rendre l'autre. Mais lorfque
l'imagination produit des convulfions, elle agit par des
moyens violens ; ces moyens font prefque toujours def-
tructeurs. Il eft des cas très-rares où ils peuvent être
utiles ; il eft des cas défefpérés où il faut tout troubler
pour ordonner tout de nouveau. Ces fecouffes dange-
reufes ne peuvent être d'ufage en Médecine que comme
les poifons. Il faut que la néceffité les commande &

L'imagination
eft prefque
toujours
nuifible
quand elle
produit des
effets violens
& des
convulfions.

que l'économie les emploie. Ce befoin eft momentané, la fecouffe doit être unique. Loin de la répéter, le Médecin fage s'occupe des moyens de réparer le mal néceffaire qu'elle a produit; mais au traitement public du Magnétifme, les crifes fe répètent tous les jours, elles font longues, violentes; l'état de ces crifes étant nuifible, l'habitude n'en peut être que funefte. Comment concevoir qu'une femme dont la poitrine eft attaquée puiffe fans danger avoir des crifes d'une toux convulfive, des expectorations forcées; & par des efforts violens & répétés fatiguer, peut-être déchirer le poumon, où l'on a tant de peine à porter le baume & les adouciffemens! Comment imaginer qu'un homme, quelle que foit fa maladie, ait befoin pour la guérir de tomber dans des crifes où la vue femble fe perdre, où les membres fe roidiffent, où dans des mouvemens précipités & involontaires, il fe frappe rudement la poitrine; crifes qui finiffent par un crachement abondant de glaires & de fang! Ce fang n'eft ni vicié ni corrompu; ce fang fort des vaiffeaux d'où il eft arraché par les efforts, & d'où il fort contre le vœu de la Nature. Ces effets font donc un mal réel & non un mal curatif; c'eft un mal ajouté à la maladie quelle qu'elle foit.

Ces convulfions peuvent devenir habituelles, fe répandre dans les villes, & fe communiquer aux enfans. Ces crifes ont encore un autre danger. L'homme eft fans ceffe maîtrifé par la coutume; l'habitude modifie la Nature par degrés fucceffifs, mais elle en difpofe fi puiffamment que fouvent elle la change prefque entièrement & la rend méconnoiffable. Qui nous affure que cet état de crifes, d'abord imprimé à volonté, ne deviendra pas habituel ! Et fi cette habitude, ainfi contractée, reproduifoit fouvent les mêmes accidens malgré la volonté, & prefque fans le fecours de l'imagination, quel feroit le fort d'un individu affujetti à ces crifes violentes, tourmenté phyfiquement & moralement de leur impreffion malheureufe, dont les jours feroient partagés entre l'appréhenfion & la douleur, & dont la vie ne feroit qu'un fupplice durable ! Ces maladies de nerfs, lorfqu'elles font naturelles, font le défefpoir des Médecins; ce n'eft pas à l'Art à les produire- Cet Art eft funefte, qui trouble les fonctions de l'économie animale, pouffe la Nature à des écarts, & multiplie les victimes de fes dérèglemens. Cet Art eft d'autant plus dangereux, que non - feulement il aggrave les maux de nerfs en en rappelant les accidens, en les faifant dégénérer en habitude, Mais fi ce mal eft contagieux, comme on peut le foupçonner, l'ufage de provoquer des convulfions nerveufes, & de les exciter en public dans les traitemens, eft un moyen de les répandre dans les grandes Villes; & même d'en affliger les générations à venir, puifque les maux & les habitudes des parens fe tranfmettent à leur poftérité.

Les Commiffaires ayant reconnu que ce fluide magnétique animal ne peut être aperçu par aucun de nos fens, qu'il n'a eu aucune action, ni fur eux-mêmes, ni fur les malades qu'ils lui ont foumis; s'étant affurés que les preffions & les attouchemens occafionnent des changemens rarement favorables dans l'économie animale, & des ébranlemens toujours fâcheux dans l'imagination; ayant enfin démontré

Conclufion. Le fluide magnétique n'exifte pas, & les moyens employés pour le mettre en action font dangereux.

par des expériences décifives que l'imagination fans Magnétifme produit des convulfions, & que le Magnétifme
fans l'imagination ne produit rien; ils ont conclu d'une
voix unanime, fur la queftion de l'exiftence & de l'utilité
du Magnétifme, que rien ne prouve l'exiftence du fluide
magnétique animal; que ce fluide fans exiftence eft par
conféquent fans utilité; que les violens effets que l'on
obferve au traitèment public, appartiennent à l'attouchement, à l'imagination mife en action, & à cette imitation
machinale qui nous porte malgré nous à répéter ce qui
frappe nos fens. Et en même temps ils fe croient obligés
d'ajouter, comme une obfervation importante, que
les attouchemens, l'action répétée de l'imagination, pour
produire des crifes peuvent être nuifibles; que le fpectacle
de ces crifes eft également dangereux à caufe de cette
imitation dont la Nature femble nous avoir fait une loi; &
que par conféquent tout traitement public où les moyens
du Magnétifme feront employés, ne peut avoir à la
longue que des effets funeftes *(g)*.

A Paris, ce onze Août mil fept cent quatre-vingt-
quatre. *Signé* B. FRANKLIN, MAJAULT, LE ROY,
SALLIN, BAILLY, D'ARCET, DE BORY,
GUILLOTIN, LAVOISIER.

(g) Si l'on objectoit aux Commiffaires que cette conclufion porte
fur le Magnétifme en général, au lieu de porter feulement fur le
Magnétifme pratiqué par M. Deflon, les Commiffaires répondroient
que l'intention du Roi a été d'avoir leur avis fur le Magnétifme
animal;

animal; ils n'ont point par conféquent excédé les bornes de leur commiffion. Ils répondroient encore que M. Deflon leur a paru inftruit
de ce qu'on appelle les principes du Magnétifme, & qu'il poffède
certainement les moyens de produire des effets & d'exciter des
crifes.

Ces principes de M. Deflon font les mêmes que ceux qui font
renfermés dans les vingt - fept propofitions, que M. Mefmer a
rendues publiques par la voie de l'impreffion en 1779. Si M. Mefmer
annonce aujourd'hui une théorie plus vafte, les Commiffaires n'ont
point eu befoin de connoître cette théorie, pour décider de
l'exiftence & de l'utilité du Magnétifme; ils n'ont dû confidérer que
les effets. C'eft par les effets que l'exiftence d'une caufe fe manifefte;
c'eft par les mêmes effets, que fon utilité peut être démontrée. Les
phénomènes font connus par obfervation, long-temps avant qu'on
puiffe parvenir à la théorie qui les enchaîne & qui les explique.
La théorie de l'aimant n'exifte pas encore, & fes phénomènes font
conftatés par l'expérience de plufieurs fiècles. La théorie de M.
Mefmer eft ici indifférente & fuperflue; les pratiques, les effets,
voilà ce qu'il s'agiffoit d'examiner. Or il eft aifé de prouver que
les pratiques effentielles du Magnétifme font connues de M. Deflon.

M. Deflon a été pendant plufieurs années Difciple de M. Mefmer.
Il a vu conftamment pendant ce temps, employer les pratiques du
Magnétifme animal, & les moyens de l'exciter & de le diriger. M.
Deflon a lui-même traité des malades devant M. Mefmer; éloigné,
il a opéré les mêmes effets que chez M. Mefmer. Enfuite rapprochés,
l'un & l'autre ont réuni leurs malades, l'un & l'autre ont traité
indiftinctement ces malades, & par conféquent en fuivant les mêmes
procédés. La méthode que fuit aujourd'hui M. Deflon, ne peut
donc être que celle de M. Mefmer.

Les effets fe correfpondent également. Il y a des crifes auffi
violentes, auffi multipliées, & annoncées par des fymptômes femblables chez M. Deflon & chez M. Mefmer; ces effets n'appartiennent
donc point à une pratique particulière, mais à la pratique du Magnétifme en général. Les expériences des Commiffaires démontrent

I

que les effets obtenus par M. Deflon, sont dûs à l'attouchement, à l'imagination, à l'imitation. Ces caufes font donc celles du Magnétifme en général. Les obfervations des Commiffaires les ont convaincus que ces crifes convulfives & les moyens violens, ne peuvent être utiles en Médecine que comme les poifons ; & ils ont jugé, indépendamment de toute théorie, que par-tout où l'on cherchera à exciter des convulfions, elles pourront devenir habituelles & nuifibles ; elles pourront fe répandre en épidémie, & peut-être s'étendre aux générations futures.

Les Commiffaires ont dû conclure en conféquence que non-feulement les procédés d'une pratique particulière, mais les procédés du Magnétifme en général, pouvoient à la longue devenir funeftes.

FIN.

www.ingramcontent.com/pod-product-compliance
Lightning Source LLC
Chambersburg PA
CBHW071301200326
41521CB00009B/1871